암 내밀고 떠나서,
꿈 내밀며 돌아오는
열다섯 배낭여행

이지원 글 · 최광렬 그림

다봄

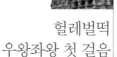

이제 막 뜨거워지기 시작한
열다섯 살의 여름

탄자니아에 온 지 6개월, 나는 드디어 첫 번째 여름 방학을 맞았
다. 방학은 두 달 정도였는데, 6월에는 영어 과외를 받고 7월
에는 한국에 갈 생각이었다. 그러던 중, 엄마한테서 걸려 온 전화 한
통이 내 계획을 완전히 바꾸어 놓았다.

엄마는 내 계획을 들더니, 한국에 오지 말고 유럽 여행을 다녀오라
고 했다. 런던 올림픽이 열리는 기간인 데다가 엄마 후배도 그쪽에
있으니 겸사겸사 가라는 거였다. 사실 한국에 있었을 때부터 엄마는
가끔씩 지나가는 말로 고등학생이 되기 전에 유럽 배낭여행을 다녀
오라고 이야기하곤 했다. 물론 그땐 그냥 흘려들었지만 말이다.

나는 선뜻 "좋아!"라고 대답하지 못했다. 그때까지 나는 혼자 여행

을 한다는 건 상상도 못 했기 때문이다. 아빠가 있는 탄자니아로 혼자 비행기를 타고 올 때도, 비행기를 타기까지의 동선과 할 일을 아빠가 정리해서 알려 주고, 일일이 사진까지 찍어서 보내 주어서 겨우 겨우 온 거였다. 그런데 혼자서 유럽 여행이라니 망설여질 수밖에.

게다가, 지금은 그렇지 않지만, 사실 나는 어릴 적부터 겁이 많은 아이였다. 그야말로 '도전' 같은 건 꿈도 못 꾸는 나약한 아이였다. 어릴 적 별명이 '울보'일 정도였으니까. 그래서 아빠는 그런 나를 앞에 세워 두고 "남자는 울지 않는다! 복창!"을 외치곤 했다. 하지만 그 말에 겁에 질린 나는 또 울곤 했다.

그런 내가 이만큼 멀쩡⑺해진 것은 엄마의 노력 덕분이었다. 엄마는 항상 내게 도전해 보라고 용기를 북돋아 주었다. 하지만 '방법'을 알려 주진 않았다. '방향'만을 안내해 줄 뿐이었다. 아마 이번에도 어떤 '방향'을 내게 안내해 주고 싶었나 보다.

내가 머뭇거리자 엄마가 계속 대답을 재촉했다. 결국 나는 마지못해 "음…… 한번 해 볼게."라고 대답했다.

유럽이라……. 텔레비전에서나 봤던 깊숙한 기억을 되살리고 나니 가 보고 싶다는 생각이 들긴 했다. 또 내가 살면서 언제 세계인의 축제인 올림픽을 직접 볼 수 있을까 하는 생각도 들었다. 하지만 그럼

에도 불구하고 유럽은 너무나 멀게만 느껴졌다. 엄마는 왜 갑자기 유럽에 가라고 해 가지고…… 흑흑…….

어쨌든 남아일언중천금이라고 했다. 이미 가겠다고 했으니 어쩌겠는가. '에라, 모르겠다! 어떻게든 되겠지.' 하는 마음으로 본격적으로 유럽에 대해 조사하기 시작했다.

막상 조사를 해 보니, 그동안 몰랐던 것들도 많았고 잘못 알고 있던 것들도 많았다. 찾아볼수록 약간 오기 비슷한 게 생기면서 더 알고 싶고 더 가고 싶은 마음이 생겼다. 하지만 마음 한구석에는 여전히 불안감이 자리하고 있었다. 어마어마한 자료 앞에서 괜히 가겠다고 했나 하는 후회도 몇 번 했다.

자료 조사를 마치고 계획을 세우기 시작했다. 사실은 그냥 가고 싶은 곳들만 대충 찍어 두고 떠나려고 했는데, 아빠가 하루하루의 계획표를 짜 보라고 했다. 그래야 시행착오를 줄일 수 있다고 말이다. 그냥 발길 닿는 대로, 시간 되는 대로 돌아다니면 되는 게 아닐까 생각했는데 그건 나 같은 초보에게는 쉽지 않을 거라고 했다. 그 말을 들으니 또다시 덜컥 겁이 났다. 역시 괜히 가겠다고 했나 보다……. 의기소침해진 내 모습에, 아빠는 잘 준비해서 나쁠 건 없다고 토닥여 주었다. 결국 계획을 세워서 아빠에게 검사를 받기로 했다. 아빠는 알아서 하라고 했지만, 내가 자신이 없었다.

처음에는 엄청 빡빡하게 계획을 세웠다. 한 도시당 1박 2일 정도의 일정으로, 한 달 동안 열한 개의 나라를 돌아보려고 했다. 하지만 아빠한테 바로 퇴짜를 맞았다. 내가 아직 어리기 때문에 처음 여행하는 곳을 그렇게 빡빡하게 다니다가는 계획에서 어긋났을 때 대처하기 힘들 거라고 했다. 다시 수정한 계획도 여전히 빡빡해서 퇴짜.

결국 여섯 번의 퇴짜 끝에 서유럽 나라 다섯 곳을 여행하기로 최종 결정했다. 아직 나는 젊으니까 계획에서 빠진 나라는 나중에라도 갈 수 있을 거라고 스스로를 위안하면서.

지금 돌이켜 보면, 처음 계획에서 여행지를 절반 정도로 줄인 건 정말 잘한 것 같다. 예상하지 못한 변수가 많았기 때문이다. 가뜩이나 걱정이 많았던 첫 배낭여행에서 걱정거리를 조금이나마 던 셈이다.

그렇게 어느 나라의 어느 도시를 언제 갈지 정한 뒤에, 가는 방법, 유명한 곳, 소소한 정보들을 찾아봤다. 나름 꼼꼼하게 계획을 세웠다고 생각했는데, 디테일이 부족하다는 지적을 받았다. 그래서 진짜 세세하게 시간대별로 어디에 가서 무엇을 할지 엑셀 파일로 정리를 했다.

혼신의 힘을 다해 쓴 내 계획서를 비장하게 아빠 앞에 내밀었다. 아빠는 계획서를 보자마자 웃음을 터뜨렸다. 너무 자세해서였다. 하긴, 15분 단위로 잘라서 계획을 세운 것도 있었으니까. 그래도 어쨌든 마지막 계획서는 나름 합격이었다.

이번에는 숙박을 예약할 차례였다. 호텔은 가격 때문에 포기했고, 한인 민박과 유스 호스텔을 주로 예약했다. 민박이나 유스 호스텔은 한번도 묵어 본 적이 없는데 배낭여행객들이 주로 가는 곳이라니까 그냥 예약했다. 그리고 가장 중요한 올림픽 경기 표도 끊었다.

이렇게 모든 준비를 끝냈는데도 설레고 기대되기보다는 실감이 나지 않았다. 그저 먼 이야기처럼 느껴졌다. 어쩌면 믿고 싶지 않았는지도 모르겠다. 나 혼자 유럽 배낭여행을 떠난다는 사실을 말이다. 그러다가 정신을 차려 보니, 어느새 나는 유럽을 향해 가고 있었다.

사실 내가 탄자니아로 오게 된 것도 이번 여행과 비슷했다. 중학교를 졸업할 무렵, 나는 지원했던 고등학교를 떨어진 후 배정된 고등학교로 진학하려고 준비 중이었다. 당시 아빠가 탄자니아로 발령이 난 상태였는데, 그쪽에 있는 학교가 공부하기에 더 좋다고 생각했던 부모님은 나에게 국제 학교로 전학할 것을 권했다. 아빠가 사전 조사를 한 후에 나에게 "여기 괜찮은 환경을 갖춘 국제 학교가 있는데 올래?" 하고 물었다.

그때도 나는 확신이 서지 않은 상태에서 2~3주 만에 후다닥 준비를 마치고 새로운 곳에서 새로운 생활을 시작했다. 역시나 탄자니아에 도착한 뒤로도 얼떨떨해하며 한 학기를 보냈다. 그리고 간신히 그곳에 적응할 즈음 다시 새로운 도전을 하게 된 것이다.

2년이 지난 지금에서야 그게 엄청난 '도전'이라는 걸 알게 되었지, 그땐 이런 '도전'이라는 단어를 생각해 낼 여력이 없었다. 기껏해야 다음 학기 성적을 올리겠다는 결심이나 했으면 했지……. 그리고 그땐 그게 학생인 내가 할 수 있는 도전의 전부인 줄만 알았으니까.

아무튼, 좁은 세상의 눈을 확 열어 준 당찬 도전이었다. 예상하겠지만 결코 수월하지 않았다. 아니, 이 정도 준비로는 수월할 리가 없었다. 하하. 그 우여곡절을 하나씩 풀어 본다. 다시 생각할 때마다 그때 감정이 고스란히 생각날 만큼 내 가슴속에 깊이 박힌 열다섯 살의 뜨거웠던 여름 일기를 말이다.

1. 헐레벌떡
우왕좌왕
첫 걸음

네덜란드

벨기에

독일

프랑스

체코

뮌헨

오스트리아

쥐리히

스위스

2012년 7월 2일 _ **출발!**

드디어 여행 시작! 다행히 출발할 때에는 아빠가 공항까지 데려다 주었다. 짐을 꾸려서 공항까지 오니까 조금씩 실감 나기 시작했다. 정말 나만 덜렁 가는 건가? 아빠는 정말로 출국장 앞까지만 동행했다. 나는 아빠 앞에서 긴장한 티를 내지 않으려고 무진장 노력했다(아빠도 약간 긴장한 듯. 히히). 하지만 비행기를 타니까 긴장되는 걸 숨길 수 없었다. 이제 이 비행기가 출발하면 돌이킬 수 없는데. 윽!

가는 비행기 안에서부터 위기는 찾아왔다. 출발하기 전에 아빠랑 공항에서 중국 음식을 먹었는데, 그게 탈이 난 것이다. 환승지인 두바이까지 가는 내내 난 울렁거리는 속을 부여잡고 토하지 않기 위해 죽을힘을 다했다. 저기…… 잠깐 비행기 좀 세워 주세요. 이 말이 목구멍까지 기어 나왔다. 욱, 내 여행의 첫 단추를 토하면서 끼우는 건 안 돼. 어떻게든 참아야지. 혼자 있는데 창피하게 비행기 안에서 토하고 난리 칠 순 없잖아? 워워, 진정하자.

만약 이게 가족 여행이었다면, 난 바로 어리광 모드로 바뀌었을 거다. 1차 어리광으로, 아빠한테 나의 아픔을 적극적으로 알리면서 중국 음식을 선택한 아빠 탓을 했겠지. 그리고 엄마의 지극한 간호를 받으며 2차 어리광을 부렸을 거다. 비행기 탄 지 얼마나 됐다고, 벌써 혼자 온 게 후회된다.

내 무심한 위는 두바이 공항에 내려서도 한참 동안 진정되지 않았

두바이 공항 내부

다. 그래도 비행기에서 내려 평지를 걸으니 조금씩 진정이 되었다. 약국을 찾아 약도 사 먹었다. 혼자 있으니까 이런 것도 스스로 챙겨야 하는구나. 아, 서러워. 약까지 먹고 나니까 좀 살 만해졌는지 위에서 배고프다고 신호를 보냈다. 기가 막혀!

뭔가를 먹고 나서야 나는 이곳 두바이 공항에서 다음 비행기를 열 시간이나 기다려야 한다는 사실을 깨달았다. 열 시간 동안 뭘 하지? 이렇게 오랫동안 할 일 없이 혼자 있어 본 적도 없는데…….

그때, 출발하기 전에 아빠가 했던 말이 생각났다. 내가 타고 온 에미레이트 항공은 환승 대기 시간이 여덟 시간 이상이면 호텔을 제공한다고 했다. 간절한 마음으로 항공사 서비스 센터에 전화해서 물어봤다. 조금이라도 편하게 쉬고 싶었다. 하지만 만 18세 미만은 보호자 동의 없이는 공항 밖을 나갈 수 없단다. 아, 미성년자는 불편해. 빨리 어른이 되든지 해야지. 오늘 여러 가지로 서럽네.

어쩔 수 없이 공항 여기저기를 어슬렁거리며 구경했다. 뭐, 대표적인 환승 공항답게 면세점도 넓고 볼 것도 많았다. 그러다 등받이가 젖혀 있는 의자가 하나 비었기에 잽싸게 가서 자리를 맡았다. 책을 뒤적거려 보기도 하고, 잠도 조금 잤는데 아직 멀었다. 그래서 오늘 겪은 일들을 기록하고 있었다. 이제부터 매일 겪은 일들을 적어 둘거다. 물론 인증샷도 찍었다. 엄마 아빠랑 떨어져 지낸 첫날부터 심상치 않다. 한 달을 다 버틸 수 있을까?

비행기를 갈아타고 여섯 시간이나 날아가 독일 뮌헨에 도착했다. 비행기를 오래 타는 건 역시나 엄청 지루했다. 게다가 내 옆에 앉은 두 명은 인도코끼리 뺨치는 덩치를 자랑했다. 세 명이 나란히 앉는 자리는 이미 그 두 명이 점령하고 있었다. 간신히 비집고 들어가 앉았는데, 답답해 죽는 줄 알았다. 휴, 여기만 두 좌석인 줄 알았네.

다행히 도중에 내 바로 옆 사람이 다른 곳에 앉아 있던 어떤 일본 사람과 자리를 바꿨다. 호리호리한 일본인 누나 덕분에 그제야 숨 좀 쉴 수 있었다. 그런데 그 누나가 나를 일본 사람인 줄 착각하고 말을 걸어서 통성명까지 하게 됐다. 이름이 유키라고 했다.

내가 한국 사람이라고 하니까 신기하게도 누나는 한국말로 대답했다. 예전에 이화여자대학교에서 어학연수를 한 적이 있어서 한국말을 조금 한다고 했다.

만약 유키 누나가 먼저 말을 걸어 주지 않았더라면, 아마 나는 뮌헨에 도착할 때까지 옆 사람과 한마디도 하지 않았을 거다. 사실 나는 외국인에 대한 공포가 좀 있는 편이었다. 한국에 있을 때는 어차피 외국인과 마주칠 기회가 거의 없었고, 해외여행을 가서도 항상 아빠가 방패막이(?)가 되어 주었기 때문에 외국인을 상대하지 않아도

15

됐다. 물론 탄자니아에서 국제 학교를 한 학기 다닌 덕분에 지금은 많이 나아졌지만, 그래도 여전히 선뜻 외국인에게 말을 걸고 싶지는 않다. 이런 나를 혼자 등 떠밀어 여행을 보내다니, 우리 부모님도 참 대단하다.

그러고 보니, 나는 참 여러모로 부모님의 보호 아래 살았던 것 같다. 아마도 그렇기 때문에 나를 혼자 유럽으로 보내는 거겠지. 아빠 말처럼 나는 여행이 끝날 때쯤 "혼자서도 잘해요!"를 자신 있게 외칠 수 있게 될까? 아직은 잘 모르겠다. 현재로서는 여행이고 뭐고 그냥 한국에 가서 엄마가 해 주는 밥을 먹으면서 쉬고 싶은 마음이 절반쯤 남아 있는 거 같으니까.

한참 있다가 유키 누나가 옆에 앉은 인도 사람과 이야기하는 소리가 들렸다. 누나는 옆 사람에게 뮌헨에 대해 자세하게 설명하고 있었다. 기회는 이때나 싶어서, 나도 슬쩍 끼어 궁금한 걸 물었다. 뮌헨에서 S8 지하철을 어디서 타야 하는지 잘 몰라서였다. 근데 유키 누나는 세세하게 알려 주는 것에 그치지 않고, 공항에 내려서는 방향이 비슷하다며 숙소 근처 역까지 데려다 주었다.

솔직히 좀 놀랐다. 일본인은 원래 좀 친절한 편이라서 그런가 생각했는데, 다른 사연이 있었다. 유키 누나는 한국에서 공부하던 시절에 한국 사람들한테 도움을 많이 받았다고 했다. 그때부터 어디서든 한국 사람을 만나면 친절하게 대하려고 노력한다고 했다. 나에게도 자기와의 인연을 잘 기억했다가 다른 일본 사람을 만나면 친절하게 도와 달라고 했다. 살짝 충격이었다. 솔직히 난 일본에 대해 조금은 부정적으로 생각했는데, 유키 누나 덕분에 생각이 바뀌었다. 한 사람의 힘으로도 그 나라에 대한 이미지를 바꿀 수 있구나.

유키 누나의 꿈은 뮌헨에 일본 문화 체험장을 만드는 것이라고 했다. 한마디 한마디가 진심인 게 느껴졌다. 그 이야기를 듣고 나니, 나도 나중에 한국 문화를 세계에 알리는 사람이 되고 싶었다. 이렇게 한 사람이 조금씩 문화를 알리는 일을 실천해도 언젠가는 세계인 모두가 한국에 대해 좋은 기억을 갖게 될 테니 멋진 일 같았다.

미래에 대한 이런저런 생각에 들떠 있다가 정신 차려 보니, 역 앞 갈림길에 서 있었다. 나는 역 입구에 서서 오른쪽으로 갈지,

아직은 낯선 뮌헨의 길거리

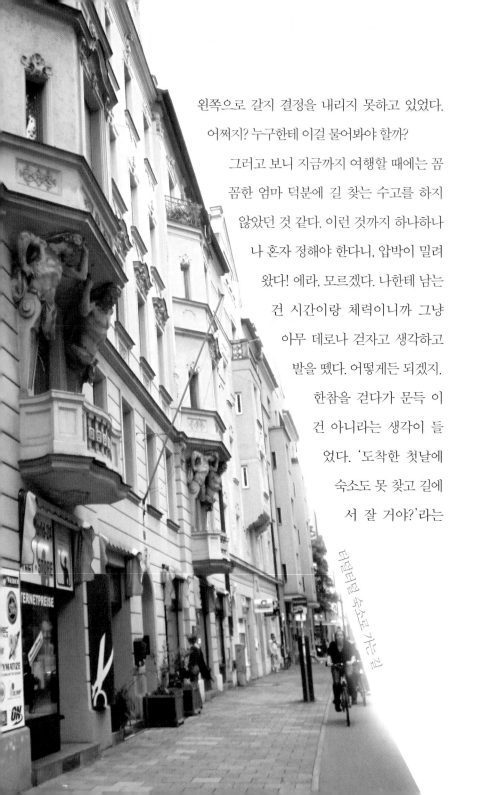

왼쪽으로 갈지 결정을 내리지 못하고 있었다.

어쩌지? 누구한테 이걸 물어봐야 할까?

그리고 보니 지금까지 여행할 때에는 꼼
꼼한 엄마 덕분에 길 찾는 수고를 하지
않았던 것 같다. 이런 것까지 하나하나
나 혼자 정해야 한다니, 압박이 밀려
왔다! 에라, 모르겠다. 나한테 남는
건 시간이랑 체력이니까 그냥
아무 데로나 걷자고 생각하고
발을 뗐다. 어떻게든 되겠지.
한참을 걷다가 문득 이
건 아니라는 생각이 들
었다. '도착한 첫날에
숙소도 못 찾고 길에
서 잘 거야?'라는

티렐티렐 숙소로 가는 길

생각이 스치는 순간 소름이 돋았다. 아, 여유 부릴 때가 아니었구나. 얼른 지나가던 독일인 아저씨한테 숙소 이름을 내밀면서 물었다. 외국인 공포증이고 뭐고, 지금은 따질 처지가 아니었다. 다행히도 그 아저씨가 숙소의 위치를 안다고 했다. 알고 보니 내가 무작정 걷던 방향은 아예 반대 방향이었다!

겨우겨우 숙소에 도착했다. 온몸에 힘이 다 빠지는 것 같았다. 여기는 어디이고, 나는 누구인가……. 반쯤 정신이 나가 있었다.

이제부터 뭘 해야 하지? 막막했다. 순간, 15분 단위로 짠 내 특급 계획서가 생각났다. 아, 이래서 아빠가 계획표를 짜라고 했던 거구나.

첫날 내 첫 계획은 뮌헨에 있는 알테 피나코테크를 가는 것이었다. 이 미술관에 전시되어 있다는 알브레히트 뒤러의 〈모피 코트를 입은 자화상〉을 보러 가려고 했던 것이다. 이렇게 말하니까 뭔가 미술에 대단한 관심과 지식이 있는 것 같지만, 그런 건 전혀 아니고……. 얼마 전 수업 시간에 선생님이 이 그림을 보여 줬는데, 왠지 눈을 뗄 수가 없을 정도로 강렬한 느낌을 받았다. 그런데 이 그림이 첫 목적지인 뮌헨의 알테 피나코테크에 있다고 해서 일정에 넣은 것이다.

하지만 이미 미술관이 문을 닫았을 시간이었다. 길을 헤매는 건 애초에 내 계획에 없었다고……. 흑흑. 덕분에 첫날부터 계획은 어그러졌다. 지금 생각해 보면 첫날부터 미술관이라니 내가 정말 미쳤나 보다. 어떻게 이런 무모한 계획을 세울 수 있지? 무식하면 용감하다더니, 이런 식으로 초보 여행자 티를 내는구나.

알테 피나코테크는 포기했고, 남는 시간 동안 무얼 할까 잠시 고민하다가 숙소 근처를 천천히 돌아보기로 했다. 뮌헨에 있는 동안 길만 찾다 끝날 수 없으니까. 일단 시내 중심에 있는 마리엔 광장으로 갔다. 그곳에 있는 구시청사, 신시청사 모두 훌륭한 곳이었지만 솔직히 눈에 들어오지 않았다. 어딜 가든 힘이 쭉쭉 빠졌다.

첫날부터 이렇게 계획이 틀어졌는데 이 여행 제대로 할 수 있을까? 국내 여행조차 혼자 해 본 적이 없는 내가 유럽 여행이라니, 역시 애초에 무리였던 걸까? 하긴, 여행이 다 뭐야……. 내가 혼자 뭘 해 본 적이 있긴 했나……? 급 자신감 상실에, 다시 엄마 생각이 스물스물…….

그때, 야외 테이블에서 맥주를 마시는 사람들이 눈에 들어왔다. 불안한 마음에 초조하게 종종거리는 나랑은 다르게 웃으며 한가롭게 수다를 떨고 있었다. 그 사람들을 보니 '대체 내가 왜 여기까지 와서 이러고 있는 거지?'라는 의문이 들었다.

엄마는 분명 나를 세상에서 가장 잘 아는 분이고, 그런 엄마가 나 혼자 여행을 가라고 했을 때에는 내게 그만한 능력이 충분히 있다는 걸 알기 때문이었을 것이다. 혹시 그 사실을 나만 모르고 있는 건 아닐까? 내가 여행을 마치 억지로 끝내야 하는 숙제나 미션처럼 생각하고 있는 건 아닌가 하는 생각도 들었다. 엄마가 내게 여행을 가라고 한 건 그런 이유가 아니었을 텐데…….

문득 가수 윤상의 〈한 걸음 더〉라는 노래가 떠올랐다. 내가 한국에서 학원에 치이고 힘들 때마다 듣던 노래다. 그때는 노래 가사가 나한테 큰 위로가 되었다. 천천히 걸으면서 나지막이 흥얼거려 보았다. 윤상 아저씨가, 한 걸음 더 천천히 간다 해도 그리 늦는 것은 아니라고 한 부분이 가슴에 와 닿았었는데…….

그래, 천천히 가다 보면 어떻게든 되겠지! 뭐든지 다 처음은 있는 거잖아? 좀 더 여유를 가지고 이번 여행을 즐겨 보자! 일단 환전하러

마리엔 광장에 있는 신시청사

중앙역에 다녀오고 계획도 다시 짜야지. 하지만 파이팅 넘치는 생각도 잠시, 중앙역 찾는 데에서 힘을 다 뺐다.

겨우 숙소로 돌아와 저녁을 먹으려고 했더니, 민박 저녁 시간이 지나 버린 뒤였다. 아…… 저녁 메뉴 짜장밥이었는데……. 흑흑. 사실 제시간에 온 건 맞는데, 서머 타임 기간이어서 더 일찍 왔어야 했다. 남은 반찬이 김치뿐이어서, 아쉬운 대로 김치랑 밥을 먹었다. 그래도 엄청 맛있었다. 유럽이나 미국에는 서머 타임이라는 게 있다는 걸 진작 알았어야 했는데……. 다음부터는 꼭 기억해 둬야지.

자기 전에 오늘 하루를 되돌아봤다. 낮에 버스 탈 때 비가 와서 하늘도 무심하다고 생각했는데, 비가 그치니까 선선해져서 오히려 다니기가 좋았다. 긴팔 옷을 입고 다닐 정도였다. 여름에 긴팔 옷을 입는다고 룸메이트 형들이 아프리카에서 온 거 티내지 말란다. 히히. 아, 오늘 처음으로 웃는구나. 진짜 힘들다! 얼른 자러 가야지!

낯선 데서 자서 그런지 아침에 일찍 눈이 뜨였다. 아침을 먹으면서 미술관에 가겠다고 하니까 숙소 사장님이 뮌헨 미술대학교 학생증을 빌려 주었다. 오호, 이것만 있으면 미술관은 공짜라 이거지?

뮌헨에는 피나코테크(독일어로 미술관이라는 뜻)가 세 군데 있는데, 알테 피나코테크와 피나코테크 데어 모데르네, 그리고 노이에 피나코테크다. 우선은 노이에 피나코테크를 먼저 보고 나서 나머지 두 곳을 보기로 했다.

어제만큼은 아니었지만 오늘도 한참 길을 헤매다가 노이에 피나코테크에 도착했다. 얼마나 일찍 나왔는지 빙 돌아왔는데도 입장 시간까지 4분이나 남아 있었다. 문을 열자마자 입장하려고 학생증을 내미니까 직원이 여권을 보여 달라고 했다. 나름 순발력 있게 여권을 깜박했다고 했는데 안 먹혔다. 공짜 좋아했다가 벌 받는 느낌! 창피해서 그냥 입장료를 내고 들어갔다.

미술관 구경은 좋았다. 미술 분야는 잘 모르지만, 그런 내가 봐도 감동이었다. 특히 교황의 대관식을 그린 작품이 인상적이었다. 등장하는 수많은 사람의 표정이 하나하나 달랐다. 그리고 전시관을 관람하는 내내 견학 온 아이들과 자주 마주쳤다. 독일은 어릴 때부터 이런 미술관이나 박물관에 데려와서 현장 교육을 많이 하나 보다. 이렇게 많은 예술품을 가까운 곳에 두고 자주 볼 수 있다는 건 참 부러웠다.

그런데…… 너무 꼼꼼히 돌아다닌 나머지 한 군데만 봤는데도 너무 힘들었다. 원래 내가 가고 싶은 건 알테 피나코테크였는데 거긴 가 보기도 전에 이미 지쳐 버렸다. 뒤러의 자화상은 꼭 보고 싶은데 어떡하지……. 게다가 계획에는 유명한 곳은 다 가는 걸로 적어 두었는데……. 하지만 그거 하나 보기 위해서 알테 피나코테크에 가기에

알테 피나코테크

는 입장료도 부담스러웠다. 내가 원래 오늘 쓰기로 한 돈이 39유로 인데, 노이에 피나코테크 구경을 마치고 나서 중앙역에서 유레일 패스를 예약하는 데만 29유로를 썼기 때문이다.

나는 유레일 패스만 가지고 있으면 기차 탈 때 더 이상 비용이 들지 않을 줄 알았다. 그런데 그게 아니고, 유레일 패스를 이용해 기차의 좌석을 예약할 때마다 예약비를 내야 하는 거였다. 유레일 패스 사용법을 꼼꼼히 알아보지 않은 게 실수였다. 중앙역에 도착해서야 그 사실을 알고 좀 당황했는데, 다행히도 한국인 역무원을 만나서 이것저것 물어볼 수 있었다.

이번 여행을 올 때, 아빠는 처음 가는 여행이기 때문에 예상치 못한 일이 생길지도 모른다며 여행비를 여유 있게 주었다. 물론 나는 그 돈을 다 쓰지 않을 생각이었다. 알뜰하게 써서 그 돈으로 아빠 엄마의 선물을 사고 싶었다. 그래서 매일 쓸 돈도 정해 놓았고, 그날그날 지출한 돈도 1유로도 빼놓지 않고 기록하기로 했다. 그런데 첫날부터 지출 계획을 깰 수는 없었다. 유레일 패스 예약비가 필요하다는 걸 모른 것도 내 실수니까.

머리가 복잡해졌다. 이건 뭐, 계획대로 되는 게 하나도 없잖아. 이렇게 다니다간 일주일도 못 버틸 거야! 이쯤 되니 어젯밤의 '할 수 있어!'라는 자신감이 '할 수 있을까?'라는 의문으로 또다시 변해 갔다. 안 돼, 안 돼! 약해지면 안 된다고!

잠시 마음을 추린 후에, 결국 눈물을 머금고 알테 피타코테크를 포기했다. 다음에 또 볼 기회가 있겠지.

　지출 계획이 틀어지면서 서러운 일이 또 생겼다. 마리엔 광장에 있는 장난감 박물관도 입장료 때문에 포기한 것이다. 입장료가 4유로였는데, 내 주머니에는 9유로밖에 없었으니까 당연했다. 게다가 힘들게 찾아간 오데온 광장은 공사 중! 레지덴츠 박물관은 지도에서 본 것과는 달리 엄청 멀었다! 악, 제대로 돌아다니는 첫날인데 너무 꼬이는 거 아냐!

　다녀온 사람들이 꼼꼼하게 정리해 둔 블로그까지 일일이 찾아보고 왔는데 왜 이렇게 길 찾기가 힘든 걸까. 유명한 관광지니까 지도만 있으면 바로바로 찾을 수 있을 것 같았는데. 계획은 자꾸 틀어져서 속상하고, 길 찾느라 힘을 다 빼서 관광지를 보는 감동도 줄어들었다. 이건 뭐, 여행인지 극기 훈련인지……. 엄마, 정말 나 혼자 여행 온 거 잘한 거 맞죠?

　그래서 레지덴츠 박물관에서는 큰맘 먹고 가진 돈을 올인했다. 박물관 표 중에서 가장 비싼 9유로짜리 콤비네이션 표를 선택! 퍽퍽해진 내 마음을 이렇게라도 달래야 했다.

　박물관에 들어가니 왕실 보물이며 궁전 내부가 아주 화려해서 눈이 휘둥그레질 정도였다. 주머니를 탈탈 턴 게 아깝지 않았다. 이게 다 내 거면 얼마나 좋을까…… 오늘 나 너무 없어 보인다. 흑!

비싸게 주고 들어온 곳인 만큼 구석구석 돌아본 다음, 지친 몸을 이끌고 숙소로 돌아왔다. 그런데 민박집 사장님이 레지덴츠 박물관도 무료인데 학생증 잘 사용했냐고 물어보았다. 아, 맞다! 학생증이 있었지……. 그제야 학생증의 존재를 까맣게 잊고 있었다는 걸 깨달았다. 정신을 어디다 두고 있는 거야? 그것도 까먹고 돈을 다 쓰고 왔으니…… 쯧쯧.

자기 전에 룸메이트 형들이 이런저런 정보를 알려 주었다. 이탈리아로 가는 기차들은 대부분 자리가 남아서 꼭 예약할 필요는 없지만 프랑스에 간다면 프랑스 내에서 이동하는 열차는 꼭 예약해야 한다다. 난 혼자이긴 하지만 안전하게 모두 예약하기로 했다. 그런데 형

레지덴츠 궁전 호프 가르텐

들 말대로 니스에서 파리로 가는 기차에 자리가 없었다. 예약 실패. 가기 전까지만 하면 되니까 매일 저녁마다 예약을 시도해 봐야지. 참, 환전도 역까지 안 가도 은행에서 할 수 있다고 했다. 내일은 은행에도 가 봐야지. 첫날보다 더 지치는 하루였다.

2012년 7월 5일 _ 뮌헨에서 세 번째 날

오늘 아침도 삽질로 하루를 시작했다. 어제 형들 말대로 은행으로 환전을 하러 갔더니, 직원이 중앙역에 가서 해야 한다고 했다. 다시 중앙역까지 씩씩거리면서 가서 환전을 했다. 설마 한 달 동안 이렇게 헛걸음만 백만 번 하고 가는 건 아니겠지? 흑흑.

어제 너무 힘들었어서 오늘은 일정을 좀 수정했다. 천천히 구경할 수 있는 곳 위주로 계획을 다시 짰다.

일단 엄마가 추천했던 슈바빙 거리로 향했다. 엄마가 갔던 곳은 아니고, 언젠가 꼭 가 보고 싶은 곳이라고 했다. 옛날에 감명 깊게 읽은 어떤 소설책 속에 나왔다나. 낙엽을 사박사박 밟으면서 길에서 파는 구운 소시지를 먹는 게 꿈이라고 했다.

그런데 슈바빙 지역까지 와서 아무리 돌아다녀도 슈바빙 거리를 찾을 수가 없었다. 엄마의 꿈을 내가 대신 이뤄 드리겠노라고 큰소리 치고 왔는데 꿈을 이루기는커녕 어디 있는지 찾지도 못했으니 대략 낭패다. 결국 지나가는 사람들을 붙잡고 물어보니 슈바빙은 거리 이름이 아니고 뮌헨 대학교 근처의 지역을 가리키는 이름이란다. 이를테면 우리나라의 대학로처럼 말이다. 아, 괜히 땀 뺐네.

거리는 아니지만 어쨌거나 슈바빙에 왔으니 구운 소시지 파는 곳을 찾아봐야지. 어차피 여름이라서 낙엽은 포기해야 하지만 말이다.

하지만 소시지 파는 아저씨 역시 눈 씻고 찾아봐도 없었다. 이로써 오랫동안 가슴속에 품어 온 엄마의 꿈을 대신 이루어 주는 건 실패. 여름이라 그런가? 아니면 엄마의 꿈은 소설 속에나 존재하고 있는 거였는지도 모르겠다. 이걸 엄마한테 말해서 꿈을 깨 줄까 말까. 킥킥.

　슈바빙에서는 뮌헨 개선문이 더 눈에 들어왔다. 로마에 있는 콘스탄티누스 개선문을 본떠 만든 것이라고 해서 유심히 보고 있었다(며칠 있으면 로마에 갈 거니까). 그곳에는 레이저 거리계로 문의 높이를 재고 있는 내 또래 남자애가 있었다. 궁금한 건 또 못 참으니까 군이 옆에 가서,

왜 이걸 재고 있냐고 물어봤다. 그랬더니 학교에서 할 프로젝트를 준비하는 거라고 했다. 독일은 유물을 교육 자료로 적극적으로 활용하나 보다. 좀 놀라웠다.

그 다음으로 찾아간 영국정원에서도 우리나라에서는 보기 힘든 광경을 보았다. 사람들이 정원 안에 있는 냇가에서 속옷 바람으로 수영을 하고 있는 것이었다. 시골도 아니고 도시에서 대낮에 훌렁훌렁 벗고 노는 모습은 나한텐 충격이었다. 하지만 다들 자연스레 냇가에서 수영도 하고 일광욕도 했다. 아이들도 어른들도 즐거워 보였다. 남의 시선보다는 지금 행복을 누리는 게 먼저인 것 같았다. 그렇다고 배려가 없는 것도 아니었다.

이곳에 와서 나랑 가장 비교되는 풍경들은 이렇게 도시 곳곳에서 한가롭게 노는 사람들이었다. 난 아직도 계획을 이렇게 엎고 저렇게

뮌헨 개선문   뮌헨 개선문 아치

31

영국정원에서 수영하던 사람들

옆느라 정신이 없는데……. 여기에 공부하러 온 것도 일하러 온 것도 아닌데 혼자 너무 바빴다. 열정만 앞서서 허둥거리는 것도 싫다.

지금도 이런데, 앞으로 나는 어떤 사람이 될까? 한국에서는 빡빡하게만 사는 어른이 대부분이었는데 지금처럼 일정에 쫓기며 살다 보면 나도 별반 다르지 않을 것 같다. 아니면 이곳 사람들처럼 즐길 줄 알고 나를 쉬게 할 줄 아는 사람이 될 수 있을까.

이런 생각들을 하다 보니 BMW 박물관처럼 화려한 건물들보다 오래된 레코드 가게가 눈에 들어왔다. '여유'에 대해 생각하다 보니 '아날로그' 쪽에 눈이 더 간 모양이다. 레코드 가게에서는 주인 할아버지가 오래된 레코드판을 수집해서 팔고 있었다. 문득, 내가 지금 갖고 있는 mp3 음원 파일이 레코드판처럼 소장 가치가 있을까 하는 생각이 들어 피식 웃었다.

오늘도 숙소에 돌아오자마자 니스에서 파리로 가는 유레일 패스 좌석을 검색했다. 하지만 좌석은 없었다. 계속 시도해 봐야 한다. 만약 없을 경우에는 니스에서 122유로나 주고 TGV를 타야 하는데……. 정말 걱정이다, 걱정이야!

참, 오늘 점심을 사 먹을 때 욕심껏 주문했다가 음식도 죄다 남기고 돈도 낭비했다. 아직까지 적절하게 지출을 조절하는 습관이 안 생긴다. 반성! TGV 타게 되면 돈이 엄청 부족할 텐데 낭비하지 말아야지. 계획도, 돈도 날 점점 조이는구나!

BMW 박물관과
오래된 레코드 가게

추리히

2012년 7월 6일 _ **스위스로 출발!**

오늘은 뮌헨에서 스위스 취리히로 넘어가는 날이다. 숙소 사장님과 사모님은 어린 내가 홀로 여행을 온 게 기특하다며 가족처럼 이것저것 챙겨 주었다. 숙소에서 기차역까지 갈 때 쓸 차비까지 챙겨 줄 정도였다. 솔직히 여러 명이 묵는 민박은 처음이어서 많이 낯설었는데 좋은 사람들을 만난 덕분에 잘 지낼 수 있었다. 다들 나보다 나이 많은 형과 누나 들이었지만, 그래도 혼자 여행 와서 무엇이든 혼자 척척 해내는 걸 보니 자극도 되었고 배우는 것도 많았다.

아침을 먹고 나니 기차 시간까지 세 시간 정도 시간이 남았다. 뮌헨에서 마지막 날이니까 알차게 보내야겠다는 욕심이 생겼다. 그래서 얼른 트램을 타고 숙소에서 비교적 가까운 님펜부르크 궁전으로 갔다. 살짝 물안개가 껴 있어서 궁전 분위기가 그럴싸했다. 시간이 별로 없는데 감상에 빠져서는, 대궁전만 구경했으니 망정이지 까딱하다간 기차 놓칠 뻔했다. 으이그!

님펜부르크 궁전 가는 트램 안에서

다행히 스위스로 가는 기차에는 무사히 올랐다. 자리를 찾아가니 네 명이 마주 보고 가는 좌석이었다. 내 옆과 앞에는 영국인 세 명이 타고 있었는데, 서로 친구 사이라고 했다. 각자 책도 보다가 재미있게 수다도 떨면서 기차를

님펜부르크 궁전

35

타고 가는 걸 보니 내가 좀 쓸쓸해 보였다. 갑자기 내 친구들이 하나하나 떠올랐다. 걔네도 여름 방학일 텐데……. 나중에 녀석들이랑 꼭 다시 여행을 와야지. 이번에 같이 올 생각은 왜 못했지? 뮌헨에 있는 3일 동안 하도 혼자 우왕좌왕했더니 친구들이랑 함께 있는 사람들이 부러웠다. 그 녀석들이랑 왔으면 헤매도 추억이라며 힘들어하지도 않았을 텐데.

이번 여행을 하는 동안 혼자 있는 시간이 많아지면서 이런저런 생각을 할 시간 또한 많아졌다. 지금까지는 너무 당연하게 생각했던 것들에 대한 그리움이나 고마움이 새삼 느껴지기도 하고 말이다. 왠지 부모님이 나를 혼자 여행 보낸 깊은 뜻을 아주 조금은 알 것 같다.

하지만 감상도 잠시, 기차로 이동하는 도중 또 멀미가 나를 괴롭혔

취리히 중앙역

취리히 거리

다. 출발할 당시에는 내 좌석이 순방향이어서 괜찮았는데, 중간에 갑자기 기차 방향이 바뀌어서 내 쪽이 역방향이 된 것이다. 역에서 점심으로 먹은 프레첼이 위와 식도 사이를 왔다 갔다 했다. 그때부터는 아무 생각도 안 하고 수행하는 사람처럼 눈을 감고 주문을 외웠다. 이건 아니잖아, 이건 아니잖아…….

그러는 사이 드디어 도착! 사실은 스위스에 왔다는 설렘보다 멀미에서 해방되었다는 기쁨이 더 컸다. 멀미가 어찌나 심했는지 유스 호스텔에 도착해서 짐을 풀 때까지도 울렁거리던 기운이 남아 있었다. 첫날도 그렇게 멀미 때문에 정신이 없더니, 여기 와서도 멀미가 날 괴롭힐 줄이야.

스위스에서는 딱 하루만 있을 거니까 계획대로 하려면 괴로워도 참고 부지런히 움직여야 했다. 그래서 리마트 강을 따라 걸으면서 성피터 교회, 프라우뮌

스터 성당, 그로스뮌스터 대성당까지 다 훑어봤다. 몸이 힘드니까 잠깐씩 벤치에서 쉬면서 천천히 걸었다. 그렇게 취리히 호수까지 걸어갔다 왔다. 아, 진격의 이지원…… 대단하! 예전의 나라면 상상도 못 했을 모습에 나 스스로도 놀랍고 대견했다. 토닥토닥. 히히.

　그나마 같은 방에서 묵은 띠동갑 누나가 준 컵라면이 내 속을 달래주었다. 누나가 다리를 다쳐서 2층 침대의 아래층을 양보했더니 선물로 준 라면이었다. 한인 민박은 남녀 방이 따로 되어 있지만 유스호스텔은 남녀 구분이 없이 함께 방을 쓰는 곳도 많다더니, 취리히의

리마트 강

유스 호스텔이 그런 곳이었다. 처음에는 모르는 여자랑 같은 방을 어떻게 쓰라는 건가 걱정했는데, 누나가 잘해 줘서 오히려 다행이라는 생각이 들었다. 외국에서 먹는 우리나라 라면의 맛은 정말 감동이었다. 진정 한국의 정이 듬뿍 담겨 있는 맛! 요 며칠 허둥거리며 힘들었던 마음이 조금 풀렸다.

내일부터는 이번 여행의 가장 고된 일정이 될 이탈리아로 간다. 아, 나 이대로 괜찮을까?

2. 혼자여서
더 어설픈
하루하루

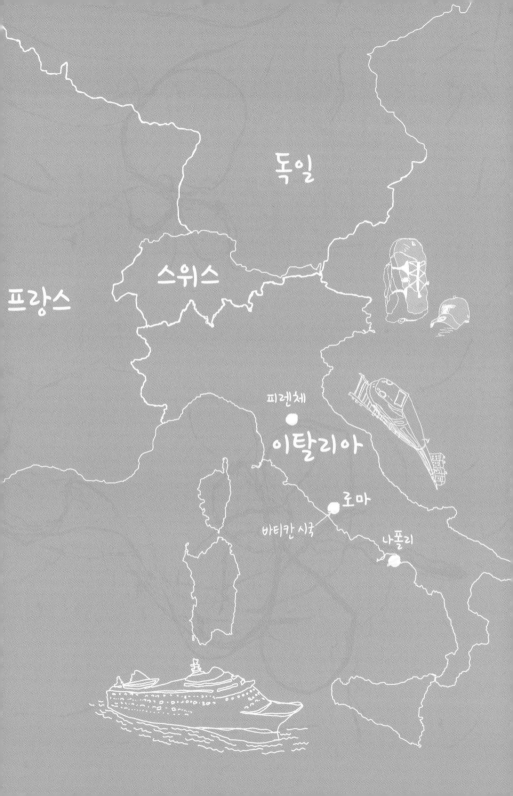

로마, 바티칸시국

2012년 7월 7일 _ **로마에서 첫날!**

아침 일찍 일어나서 이탈리아로 가기 위해 기차역으로 갔다. 다른 나라로 넘어가는 기차를 탈 때에는 조금 더 긴장하고 서둘러야 했다. 우선 기차역까지 가는 길이 익숙하지 않고, 기차역 안에서 플랫폼을 맞게 찾는 것도 쉽지 않기 때문이다. 한국에서야 기차 시간보다 한 시간 정도 일찍 도착해도 충분하지만, 유럽은 기차역도 넓어서 호락호락하지 않았다.

긴장한 만큼 실수하지 않으려고 노력해서 아직까지는 기차 탈 때 실수는 없었다. 근데 오늘은 나 말고 기차가 말썽을 부렸다.

로마까지 가려면 한 번 환승을 해야 했는데, 첫 번째 탄 기차가 가다가 중간에 30분이나 정차하는 바람에 예약해 둔 다음 기차를 놓치고 만 것이다. 가슴이 덜컹 내려앉는 것 같았다. 기차를 놓쳐서 로마에도 못 가고 환불도 못 받는 거 아닌가 하는 생각이 들었다. 걸어가다가 길을 잃어버리는 건, 되돌아가거나 다른 길을 선택할 수 있지만 기차는 내 마음대로 되는 게 아니니까 더 불안했다. 이럴 땐 어떻게 해야 하지? 잠깐 당황해서 멍하니 서 있다가 주변을 둘러보니, 이런 상황에 놓인 건 나뿐만이 아니었다.

　　나도 다른 사람들처럼 얼른 역무원을 붙잡고 해결 방법이 있는지 물어보았다. 다행히 갈아타는 역에서 표를 바꿀 수 있다고 했다. 하지만 갈아타는 역에 도착해서 표를 바꾸고 보니, 내가 원래 예약한 기차가 아니라서 지정 좌석표가 아니었다. 즉, 내 자리가 없다는 말

로마로 가는 기차 안에서 본 풍경

이다. 흑. 그래서 나를 포함해 열차를 놓친 사람들은 철새마냥 자리를 옮겨 다녀야 했다. 그래도 기차를 탄 게 어디야…….

정말 간 떨어지는 줄 알았다. 내가 실수하지 않아도 주변 상황에 따라 이 정도 일은 얼마든지 생길 수 있는데, 이런 위기 상황에 익숙하지 않았던 나는 다른 여행객들처럼 침착하지 못했다. 얼마나 지나면 이런 변수에 익숙해질까. 기운 빠진다.

게다가 계획한 시간보다 한 시간이나 늦게 도착해서 오늘도 계획은 아웃! 차라리 계획을 조금만 더 느슨하게 짤걸 그랬다. 괜히 지켜지지 않는 계획표를 쳐다보면서 속만 답답해하고 있다. 아니, 이럴 거면 계획은 왜 짜 왔냐고……. 이게 얼마나 고생해서 짠 계획표인데! 이거 하나 지키질 못하고 있으니 답답하다, 답답해.

엎친 데 덮친다고 숙소까지 속을 썩였다. 숙소에서 예약 관리를 잘못하는 바람에, 내가 묵을 3일 중에 첫날만 원래 예약한 본점이 아니라 2호점에서 지내야 했다. 짐을 들고 왔다 갔다 하려니 짜증이 났다. 저녁 메뉴가 삼계탕이랑 오징어볶음이어서 내가 참는다. 2호점은 중국인이 운영하는 곳인데 중국 사람보다 한국 사람이 더 많았다. 얼마나 한국 사람이 많이 오면 메뉴가 죄다 한식이지? 나한텐 잘된 일이지만……. 어쨌든, 오늘도 세트로 꼬인 날인데 삼계탕 먹고 호랑이 기운 좀 솟아났으면!

2012년 7월 8일 _ 로마에서 두 번째 날

아 침을 먹고 나서 원래 내가 예약했던 본점으로 다시 짐을 옮겼다. 아침부터 정신없이 짐 싸느라 좀 짜증 날 뻔했는데, 짐 옮기는 걸 도와주던 2호점 주인아주머니가 내 얼굴을 가리키며 잘생겼다고 말해서 기분이 좋아졌다. 내 얼굴이 해외에서 먹히는구나! 하하하. 그 한마디에 실수한 직원들한테 화났던 것도 싹 잊어버렸다.

숙소에서 나서기 전에, 오늘의 일정을 점검하면서 숙소 직원들에게 조금씩 조언을 얻었다. 우선, 그곳에서 줄곧 이모님이라고 불렀던 본점 사모님이 추천해 준 '로마 패스'부터 샀다. 로마 패스만 있으면 3일 동안 교통비도 해결되고, 주요 관광지도 추가 요금 없이 입장할 수 있다고 했다.

로마는 유적지가 많아서 뮌헨보다 계획이 더 빡빡했다. 로마에 적응할 틈도 없이 몰아쳐야 했다. 길 찾는 것도 문제였지만, 내가 계획한 일정을 전부 소화할 수 있는지도 문제였다. 일단 부딪쳐 보기로 했다.

먼저, 가장 유명한 콜로세움부터 보러 갔다. 로마는 뮌헨에 비해 관광객이 엄청나게 많았다. 뮌헨도 중심지는 사람이 많다고 생각했는데, 여기에 비하면 거긴 많은 것도 아니었다. 가는 관광지마다 줄이 똬리를 틀고 있었다. 콜로세움 역시 줄이 엄청 길었다. 하지만 난 로마 패스가 있는 남자니까, 마패처럼 쭉 내밀면서 당당하게 바로 입장!

기분 좋게 들어가서 천천히 둘러보며 고대 로마인들의 건축 기술에 감탄했다. 이렇게 잘 보존되어 2000년대를 살고 있는 내가 고대 건축물을 볼 수 있다니……. 놀랍기도 하고 고맙기도 한 일이었다.

콜로세움 안쪽

특히, 위에서 내려다본 콜로세움 중심부는 장관이었다. 영화에서 보던 검투사 대결 장면이 눈앞에 그려지는 것 같았다.

하지만 감상도 잠시, 또 문제가 생겼다. 오늘은 카메라가 문제였다. 신 나게 사진을 찍고 있는데 카메라 배터리가 방전된 것이다. 이번에는 순전히 내 실수였다. 어젯밤에 충전기에 꽂혀 있는 것 같아서 대충 확인하고 잤더니, 오늘 기어이 일이 생긴 것이다. 꼭 하나씩은 말썽을 일으키는구나. 내 팔자야! 할 수 없이 휴대 전화로 찍어야 했다. 남는 건 사진뿐인데, 안 찍고 갈 수는 없었다. 어휴, 진짜 못 말려, 이지원! 다음부터는 꼭 충전이 되고 있는지도 확인해야지. 엄마 아빠는 다 꼼꼼한 성격인데 난 누굴 닮은 거야?

다음 행선지인 포로 로마노까지 가는 길에는 뮌헨에서 보고 싶어 했던 콘스탄티누스 개선문을 볼 수 있었다. 뮌헨 개선문이랑 비교해 보니 역시 원조가 낫다. 훨씬 웅장하고 화려했다.

사실, 오늘의 복병은 포로 로마노였다. 포로 로마노는 굉장히 넓어서 로마 제국의 영광을 확인할 수 있는 곳이라고 하더니만, 그 사실을 내 발로 직접 확인할 수 있었다. 어찌나 넓던지 돌고 돌아 입구를 몇 번이나 잘못 찾아간 것이다. 그 안에 들어가서도 뙤약볕을 머리에 이고 걷고 또 걸었다. 출구가 없는 미로를 걷는 것 같기도 하고, 내가 고대 로마의 노예가 된 것 같기도 했다.

더위에 지쳐 헉헉거리며 간신히 포로 로마노에서 빠져 나왔는데 캄피돌리오 광장에 있는 미술관에 가서 또 한 번 좌절했다. 미술관 꼭대기에서 포로 로마노를 한눈에 볼 수 있었던 것이다. 그 위에서 언뜻 봐도 포로 로마노는 굉장히 넓었다. 저기 저 그늘 한 점 없는 곳을 내가 걸어온 거지? 그걸 보는 순간 바닥에 벌렁 눕고 싶었다. 와, 뒤통수를 제대로 맞은 기분이었다!

젊을 때 고생은 사서도 한다고들 하지만, 지금은 그럴 여유가 없다. 가뜩이나 계획을 다 지키려면 시간도 모자라고 체력도 부족한데, 여기서 힘을 다 뺐으니……. 다음 장소로 넘어가도 점점 기운은 없어지고 날씨는 계속 덥겠지.

일단 좀 쉬엄쉬엄 구경할 만한 곳을 가야 했다. 우선 '진실의 입'을 보러 갔다. 여긴 계속 걷거나 올라가야 하는 곳은 아니니까 줄만 서 있다가 입속에 손이나

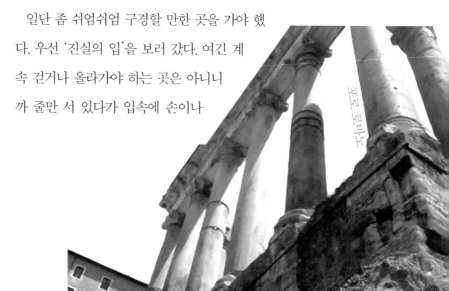

포로 로마노

쑥 넣어 보면 되겠지. 너무 힘들어서 감흥도 없이 터덜터덜 걸어갔다.

한데 막상 가 보니, 영화 〈로마의 휴일〉의 한 장면도 생각나고 어린 시절 할머니랑 할아버지가 '진실의 입'에서 찍은 사진을 보여 주었던 추억도 생각났다. 그때 할머니가 어린 나한테 그 사진을 보여 주면서 거짓말을 하고 여기에 손을 넣으면 손이 잘린다고 해서 엄청 겁먹었는데. 킥킥. 그러고 보면 어릴 때 나도 참 겁쟁이였어! 사진만 보는 건데도 울고불고 난리도 아니었으니까. 그때 생각하니까 웃음이 났다.

진실의 입

이번에는 멈칫하지 않고 용기 있게 '진실의 입'에 손을 넣었다. 나야 거짓말한 거 없으니까 당당하지, 뭐. 그래도 진실의 입 앞이니까 조금 더 솔~직히 말하면, 살짝 떨렸다. 히히.

'진실의 입' 앞에는 한국 사람이 많아서 서로 사진을 찍어 줄 수 있어서 좋았다. 그동안 혼자 내 사진 찍는 것도 꽤 불편했다. 매번 찍어 달라고 부탁하기도 좀 뻘쭘하고, 카메라를 어디 올려놓고 찍는 건 한계가 있어서 대부분은 셀카로 때웠다. 오늘처럼 카메라가 말썽을 일으키는 날이 더 있으면 그나마 셀카도 못 남기고 갈 판이다. 카메라

방전된 걸 생각하니까 또 속이 끓는다. 여기 나 혼자 왔는데 사진도 없으면, 내가 여기 온 걸 뭘로 증명하냐고!

그 다음으로는 더위도 좀 식힐 겸 트레비 분수로 갔다. 나도 모르게 〈로마의 휴일〉 코스로 돌고 있었다. 여기에서는 다들 동전을 던지며 소원을 빌고 있었다. 다들 깔깔거리면서 동전을 던지며 웃는데, 나는 혼자 멀뚱히 동전을 던졌다. 괜히 더 쓸쓸하잖아.

쓸쓸한 생각은 접어 두고, 일단 집중해서 소원을 빌었다. 트레비 분수는 동전을 세 번을 던지면서 소원을 비는 법칙이 있다고 들었다. 처음 한 번은 로마에 다시 오게 해 달라고 빌고, 두 번째는 연인을 위

해서 빌고(이 부분에서 굉장히 암울했다!), 세 번째는 이루어지기 힘든 소원을 하나 골라서 빌어야 한단다. 나도 동전을 세 번 던졌는데, 세 번째에는 '나만의 기도'를 했다. 물론 내용은 비밀!

솔로의 외로움을 품고 〈로마의 휴일〉의 마지막 낭만 장소로 갔다. 오드리 헵번이 젤라또 아이스크림을 먹던 스페인 광장이다. 너무 더워서 나도 여기 가서 꼭 젤라또 아이스크림을 먹으려고 마음먹고 왔는데, 아이스크림은 찾을 수가 없었다. 근처 상점에 가서 물어보니 문화재 보호 차원에서 아이스크림 장사를 금지했다고 한다. 사람들이 너도 나도 젤라또 아이스크림을 먹으면서 오드리 헵번 흉내를 냈나 보다. 뭐, 나도 여자 친구가 있었으면 〈로마의 휴일〉한 장면쯤 흉내내면서 사진을 남겼을 텐데……. 아, 여자 친구도 없고 젤라또도 없고 서럽다 서러워.

스페인 광장

정말 몸과 마음이 모두 지친 날이었다. 오늘 유독 혼자라는 게 더 강하게 느껴졌다. 같이 온 사람도 없어서 사진도 제대로 못 찍고, 고생했어도 하소연할 데도 없고, 소원에 대해 얘기할 사람도 없고…… 쳇.

괜히 사람 많은 곳만 가서 더 그런 것 같다. 가는 곳마다 다들 일행이랑 사진을 찍느라 정신이 없었다. 단체 관광 온 사람들도 많아서 더 뻘쭘했던 것 같다. 가족끼리 온 사람을 보면 엄마 아빠랑 누나가 생각났고, 친구들끼리 온 사람들을 보면 내 친구들이 생각났다. 연인끼리 온 사람들은 그냥 외면했다. 큼큼. 어쨌든 길 찾는 데만도 정신 없던 뮌헨에서는 느끼지 못했던 외로움이었다.

마음이 허전한 날이어서 그런지 룸메이트 형들이 야경을 보러 같이 가자고 한 말이 참 반가웠다. 괜히 형들한테 더 고마웠다. 로마의 야경이 유독 따뜻하게 보였다. 조용히 오늘 포로 로마노에서 고생한 걸 떠올리며, 내일은 조금만 더 수월하게 다니게 해 달라고 기도했다. 그리고 돌아오는 길에 트레비 분수에 한 번 더 갔는데, 낮에 1번 소원이랑 2번 소원을 바꿔서 빌었던 게 기억나서 다시 빌었다. 특히 2번 소원이 중요한 건데…… 괜히 형식에 어긋나서 소원이 이루어지지 않으면 안 되니까! 이제야 좀 마음이 놓고 잘 수 있겠다. 후후.

어제는 여행 온 이후 처음으로 제법 많은 곳을 돌아다닌 날이었다. 그렇다고 계획을 완벽하게 지킨 건 아니었다. 많이 걸어서인지 좀 피곤했지만 오늘은 꼭 바티칸 시국을 가야 했다. 내일은 다른 일정이 있어서 로마를 돌아보는 건 마지막이기 때문이다.

어젯밤, 형들한테 바티칸 시국을 갈 거라고 했더니, 바티칸 박물관에 가면 꼭 오디오 가이드를 대여하라고 알려 줬다. 낮에 혼자서 한참 삽질하다가 저녁에 들어가서 룸메이트 형들이랑 이야기를 나누면, 정보가 부족한 나한테는 정말 도움이 많이 되었다. 고생한 이야기도 털어놓고

바티칸 광장 가는 길

벽화 〈아테네 학당〉

나면 좀 풀리는 것도 같고, 내가 어리니까 형들이 내 얘기도 잘 들어 준다. 고맙게도…….

어쨌든 형들 말대로 오디오 가이드를 이용해서 보니까 정말 훨씬 알차게 관람할 수 있었다. 바티칸 박물관이 소장하고 있는 유물들은 정말 대단했다. 유물들 중에는 고대 이집트 유물도 많았다. 워낙 관광객이 많기 때문에 혼잡을 피하기 위해서 일방통행으로 관람하는 것도 인상적이었다. 그리고 유명한 미켈란젤로의 〈천지 창조〉와 〈아테네 학당〉를 볼 때 가장 떨렸다. 정말 사람이 할 수 있는 작업이 맞나 싶을 정도였다. 게다가 딱 이곳에서만 볼 수 있는 작품이라고 생각하니 그림을 보고 있는 순간이 더 귀하게 느껴졌다.

바티칸 광장

이탈리아에 와서는 문화재 보존이 얼마나 중요한 일이지 새삼 깨닫고 있다. 우리나라도 일제 강점기에 유물 유적이 많이 훼손되긴 했지만 잘 복원하고 보존했으면 좋겠다는 생각도 했다. 첫날 유키 누나를 만났을 때가 생각났다. 모국을 알리는 일을 하고 싶다던 누나의 이야기를 들은 이후부터는 어딜 가나 우리나라에 대한 생각을 한다. 유적과 유물이 잘 보존돼서 이렇게 관광 산업으로 발전하는 이탈리아가 부럽기도 하고 말이다.

혼자 다니니까 이런 생각도 할 수 있구나. 평소 학원이랑 학교 공부에 쫓기다 보면 문화재 보존이나, 우리 문화 알리기까지는 생각할 틈이 없었는데……. 이런 생각을 하고 있는 내가 조금 낯설기도 하고 진지해 보이기도 했다. 나 좀 괜찮은데? 하하. 혼자 북 치고 장구 치고 웃겨, 참.

이러고 자아도취에 빠져 있다가 기어이 바티칸 대성당에서 망신을 당했다. 큐폴라에 올라가려고 20분 동안이나 줄을 서 있었는데 내 차례가 돼서야 오늘 가지고 있던 돈을 다 쓴 걸 알아 버린 거다. 기가 막히다, 진짜! 누나가 알면 바보 짓했다고 뒤로 넘어가면서 웃을 일이다. 돈 관리를 잘하자고 그렇게 다짐했는데, 잠깐 딴생각을 하다가 깜박 잊은 거다.

어휴, 이럴 때 혼자가 아니고 내 옆에 누군가 있었다면 그냥 퇴짜 맞고 돌아가는 불상사는 없었겠지? 친구랑 있었으면 돈을 빌려도 되고, 가족이랑 있었다면 이런 헛걸음은 더더욱 안 했을 테니까. 돈 때문에 못 보고 돌아서려니까 더 서러웠다. 게다가 배까지 고프고……. 거지가 따로 없네!

막판에 이러니까 진짜 서럽고 힘들어서 일정을 다 포기하고 싶었는데, 그놈의 계획표 때문에 꾸역꾸역 판테온까지 갔다. 다행히 판테온의 입장료는 무료였다. 힘들게 왔으니까 온 힘을 다해 유심히 봤다. 판테온은 로마에서 가장 보존이 잘된 건물이라서 그런지 더 웅장하게 보였다(무료여서 더 좋아 보인 건 아님). 아, 판테온마저 입장료가 있었으면 정말 눈물 날 뻔했네.

하긴, 숙소에 돌아와서 기어이 눈물을 뺐지. 덜렁거리다가 침대 모서리에 무릎이 긁혀서 살짝 다쳤다. 혼자 다치고, 혼자 펄펄 뛰면서 아파하다, 혼자 약 바르고…… 원맨쇼 하는 것도 아니고 진짜 눈물이 찔끔 났다. 정말 조금 다쳤는데 옆에서 우쭈쭈 해 주는 엄마랑 아빠가 없어서 더 아팠던 것 같기도 하고……. 이거 다 쓰고 엄마랑 잠깐 통화해야지. 흑흑. 오늘 정말 할 말 많아, 엄마!!

판테온

나폴리, 폼페이, 카프리섬

2012년 7월 10일_ 나폴리에서 카프리 섬까지

오늘은 로마에서 좀 떨어져 있는 동네에 나갔다 올 계획이었다. 폼페이, 소렌토, 카프리 섬, 나폴리까지 다녀오는 벅찬 일정이다. 늘 그랬듯이 오늘도 아침에는 의욕 충만, 낮에는 삽질의 연속, 돌아오는 길은 터덜터덜, 저녁엔 반성 모드로 마무리했다.

일단 벅찬 일정 때문에 시작부터 긴장해 있었다. 룸메이트 형들 중에서 일정이 겹치는 사람이 없어서 조언도 듣지 못하고 출발한 게 좀 불안했다. 모은 자료들도 약간씩 어설펐다. 게다가 길을 찾는 과정에서 내 똥고집이 튀어나온 게 결정적인 문제였다.

똥고집의 현장은 폼페이였다. 오늘 일정의 첫 단추인 만큼 계획대로 보고 싶었던 부분만 쏙 보고 재빨리 이동해야 했다. 하지만 입구부터 제대로 찾지 못했다. 워낙 넓다 보니까 유적지 입구가 여러 개였는데, 그걸 몰랐다. 그래서 폼페이 역에 내려서(무슨 근거 없는 자신감이 있는지) 그냥 발 닿는 대로 길을 따라 쭉 걸어왔다. 한 1킬로미터 정도 내려왔나 보다. 정신을 차려 보니 사람도 별로 없고, 내 기대와는 전혀 다르게 초라한 입구만 덜렁 서 있었다. 나중에 알고 보니 거긴 관광객들이 잘 가지 않는 쪽 입구였다.

황당하기도 하고 날도 너무 더워서 짜증이 머리끝까지 났다. 입구를 더 찾아볼 의지도 사라져 그 근처만 대충 구경하고 나왔다. 당연히 내가 인터넷에서 봤던 유물들은 하나도 볼 수 없었다. 난 그 반대 방향에 있었으니까!

폼페이

또다시 마음만 급해졌다. 이러다 다른 데도 못 보겠다 싶어서, 일단 빨리 카프리 섬으로 가기로 했다. 그러려면 기차를 타고 소렌토로 가야 했다. 속으로 계속 '빨리빨리, 서두르자. 이러다 카프리 섬에 가는 배도 놓쳐.'라는 생각만 했다.

나는 얼른 역으로 돌아가서 역무원 아저씨한테 가장 빠른 소렌토 행 기차를 타고 싶다고 말했다. 그랬더니, 여기서는 소렌토 행을 탈 수 없다는 말만 돌아왔다. 지금 생각해 보면 그때부터 제대로 패닉에 빠진 것 같다. 역무원 아저씨는 이곳에서 왼쪽으로 '1마일' 정도 떨어진 옛 역에서 소렌토로 가는 기차를 탈 수 있다고 했다. 1마일? 아니, 마일이 어느 정도인지 내가 어떻게 알아! 우리나라에서 쓰는 거리 단위랑 다른데!

소렌토 항구로 향하는 길

씩씩거리면서 왔던 길을 되돌아갔는데, 당연히 거긴 역이 없었다. 목도 마르고 너무 더워 불쾌지수가 하늘 끝까지 솟아올랐다. 다시 아까 그 역으로 되돌아갔다. 벌게진 얼굴을 하고 역 옆에 있는 매점에 들어가 음료수를 한 병 사면서, 매점 아저씨한테 죄다 일러바쳤다. 역무원 아저씨 때문에 내가 이 모양 이 꼴로 길을 헤매고 있으니, 그 아저씨한테 좀 전해 달라고!

할 말 다 하고 나니까 속이 시원해져서 음료수를 들이켰다. 그러고 나서 지도를 보니까…… 역무원 아저씨는 제대로 알려 줬는데 내가 잘못 이해해서 반대 방향으로 갔다는 사실을 깨달았다. 오 마이 갓! 얼른 매점으로 돌아가서 매점 아저씨한테 자초지종을 설명했다. 내 잘못이니 역무원 아저씨에게 내가 원망했던 말을 전하지 말아 달라는 부탁도 했다.

진심으로 창피했다. 설명도 제대로 안 듣고 제멋대로 간 것도 잘못이지만, 처음 만난 사람한테 다짜고짜 화부터 낸 건 정말 큰 잘못이었다. 너무 경솔했어……. 소렌토까지 가는 내내 후회하고 또 후회했다.

아빠가 평소에 '네 자신을 먼저 돌아보라.'고 그렇게 귀에 못이 박히도록 이야기했는데 말이다. 내가 조금만 침착했으면 아저씨도 나도 기분 나쁠 일이 없었잖아. 아니, 처음부터 폼페이 입구를 잘못 찾아간 게 실수였지. 그때부터 이성을 잃었으니까. 내 행동을 조금만 돌아보니까 이렇게 금방 답이 나오는데, 순간을 못 참고 남의 탓만

하고 있던 것이다. 그 단순한 진리를 이제야 깨닫다니……. 아니, 이
제라도 깨달아서 다행인 건가?

　여행 내내 나를 배려하는 좋은 사람들을 만나고 도움도 많이 받아
서 좋았다고 생각했으면서, 정작 나는 나만 생각하는 못된 애가 될
뻔했다. 현지 사람들도 여행객한테 좋은 인상을 줘야 하지만 나 역시
그 사람들에게 좋은 인상을 남기고 가야지, 이게 뭐야. 난 화를 내고
가 버리면 그만이었겠지만 나 때문에 역무원 아저씨는 억울하고 불
쾌한 하루를 보낼 뻔했다. 되돌아가서 바로잡은 건 그나마 다행이다.
이제 정말 욱하는 것도 좀 줄이고 내 행동부터 잘못이 없는지 먼저
생각해야지.

　소렌토로 가서도, 카프리 섬으로 가는 배를 타서도, 기분은 별로

나아지질 않았다. 시간도 별로 없는데 괜히 뱃삯만 날리는 건 아닌가 하는 부정적인 생각마저 들었다.

다행히 카프리 섬에 도착해서는 마음이 조금씩 진정되었다. 바다 냄새가 시원해서였을까, 골목골목 친근하고 조용한 동네여서 그랬을까, 카프리 섬은 딱 30분만 구경할 수 있었지만 엉망진창인 오늘 하루를 정리하기에 좋은 동네였다.

폼페이의 재앙이 없었다면 계획대로 몬테로소까지 갔을 텐데⋯⋯. 오늘 제대로 못 봤으니까 나중에 꼭 폼페이랑 카프리 섬에도 다시 와야지. 이렇게 계획에 쫓겨서 다니니까 다녀온 것도 아니고 안 다녀온 것도 아닌 이상한 상황이 벌어졌다. 계획이 어그러질까 봐 전전긍긍해서 풍경도 충분히 즐기지 못하고, 그냥 돌아왔으니 말이다. 휴,

카프리 섬

카프리 섬의 한적한 골목

정말 어디 한 군데 수월하게 돌아다닌 데가 없구나.

이렇게까지 우왕좌왕한 건 나폴리 때문이기도 했다. 맨 마지막에 나폴리를 볼 생각이었는데, 나폴리는 혼자 여행하기 좀 위험한 곳이라고 해서 밤늦게 오지 않으려고 애를 쓴 것이다. 그러니 다른 날보다 더 긴장해서 오히려 일이 꼬인 것이다.

문득, 취리히 호스텔에 묵었을 때 만났던 불가리아인 형이 했던 말이 생각났다. 그날 이탈리아가 위험하냐는 내 질문에, 형은 이렇게 말했다.

"어디든지 낯선 곳은 위험하지만, 혼자 여행하는 사람은 스스로 지킬 줄도 알아야 해. 나폴리도 똑같이 사람 사는 동네야. 여행지에서는 낯선 사람한테 도움을 받을 때도 있고, 도움을 줄 때도 있잖아.

너무 걱정하지 말고 주의 사항만 잘 지키면 돼."

　그래, 일단 나부터 잘하자. 그 다음에 주변도 좀 생각하고!

　앞뒤 상황 따져 보지도 않고 화부터 내고, 내 계획이 어그러진 것에 대해서만 속상해하면서 상대방 말을 제대로 듣지 못한 것! 오늘 내가 한 가장 큰 실수다.

피렌체, 루카

2012년 7월 11일 _ **피렌체**

그저께 돈이 없어서 올라가지 못한 바티칸 대성당이 자꾸 가슴에 맺혀서, 피렌체로 떠나기 전에 아침 일찍 바티칸 대성당으로 갔다. 아침 일찍 갔더니 오히려 한적하니 좋았다. 큐폴라 꼭대기에

오르니 한눈에 로마가 다 보였다. 오늘 여기서 로마를 내려다보고 마무리하려고 어제 퇴짜를 맞았구나. 고맙다고 해야 할지……. 로마를 내려다보고 있으니까 험난했던 여정이 스쳐 갔다.

로마에서는 고된 추억이 더 많아서 그런지 피렌체로 떠나는 발걸음은 왠지 가벼웠다. 빨리 떠나고 싶었던 걸까? 아니야, 처음 계획을 세울 때 피렌체를 가장 가고 싶어 했으니까 그랬을 거야. 하하. 어쨌든 아쉬움 없이 로마를 떠났다.

피렌체 숙소에 좀 느지막이 도착해서 얼른 짐을 풀고 야경을 보러 나갔다. 숙소 이모님 덕분에 미켈란젤로 언덕까지 지름길로 갈 수 있었다. 노을이 지기까지 한 시간 정도를 더 기다렸다. 어슬렁어슬렁 주변을 구경하며 오랜만에 한가로이 있었다.

피렌체 미켈란젤로 언덕에서

한적하게 피렌체 노을을 보고 있으니까 여행 와서 처음으로 유럽에 오길 잘했다는 생각이 들었다. 노을이랑 어우러진 풍경이 예뻐서였나, 이런저런 일들을 겪다 보니까 이제 해탈한 건가. 그동안은 힘들어서 후회가 절반 이상이었는데, 장소만 피렌체로 바뀐 것뿐인데 조금씩 마음이 누그러지는 것 같아 신기했다. 아마도 눈물 날 만큼 힘들었어도, 여행을 온 게 후회된다는 순간순간의 생각들은 진심이 아니었나 보다. 마음 깊은 곳에서는 내가 혼자서 잘 이겨 내길 바라고 있었겠지. 잘했든 못했든 유럽에 와서 열흘 정도를 보내고 나니까 이 정도면 괜찮은 것 아닐까 하는 생각이 든 것이다.

그래도 아직 확신은 안 선다. 남은 일정도 잘 해낼 수 있을까? 그래도 혼자서 여기까지 온 것만으로도 굉장한 거지. 아니야, 계획의 반이 엉망이 됐는데? 괜찮아, 계획 그까짓 거. 흑, 혼자 묻고 혼자 답하고…… 잘한다, 잘해! 혼자 왔는데 속상하면 내가 날 달래야지 누가 날 달래겠어. 강해져야지!

그런 의미에서, 숙소로 오는 길에 어김없이 날 유혹하는 젤라또 아이스크림을 떨쳐 냈다. 이탈리아 와서 젤라또 아이스크림을 너무 많이 먹는 것 같아서 좀 줄이자고 결심했으니까 내 의지력을 확인하는 의미로 한번 참아 봤다! 남자다잉! 먹고 싶은 걸 못 먹으니 살짝 슬펐지만, 멋진 노을을 봤으니까 괜찮다!

한인 민박에서 묵을 때 가장 좋은 점은 아침과 저녁에 한식을 먹을 수 있다는 것이다. 음식을 크게 가리는 건 아니지만, 빵이랑 느끼한 음식을 먹다 보면 절로 한식이 생각난다.

오늘 아침은 닭백숙이었다. 험한 계단으로 유명한 두오모를 올라가려고 했는데 잘됐다. 물론 기운이 난 데에는 닭백숙의 힘도 컸지만, 어제 저녁에 혼자 생각을 정리했던 게 좀 도움이 되었다. 지칠 때마다 어제처럼 묻고 답하는 시간 좀 가져 봐야겠다.

두오모 앞에는 전경을 볼 수 있는 곳이 두 곳이 있었다. 큐폴라와 종탑이었다. 두오모 큐폴라는 종탑보다 2유로나 더 비싸고 줄도 더

두오모에서 내려다본 풍경

길었지만, 하나만 본다면 당연히 더 유명한 쪽을 봐야겠지? 둘 다 보면 좋겠지만, 비용도 그렇고 시간도 만만치 않게 걸리니까 두오모 큐폴라만 올라가기로 했다. 난 길게 여행할 사람이니까 체력을 나눠 쓰는 것도 중요해. 계획대로 한다고 무모하게 체력을 낭비하면 나중에 정말 낭패를 볼 수 있다는 건 이미 로마에서 충분히 경험했다.

소문대로 피렌체 두오모는 정말 낭만적이었다. 피렌체의 상징인 빨간 지붕들이 아침 햇살과 어우러져 더 붉게 빛나고 있었다. 내가 기대했던 것 이상으로 아름다웠다. 노을과 어우러진 빨간 지붕도 운치 있었지만 아침 햇살에 반짝이는 빨간 지붕은 활기차 보였다. 다만, 솔로는 커플 조심! 흥!

실컷 두오모 위에서 경치를 즐기고 나서 근교인 루카로 이동하기로 했다. 아까 체력을 비축한 이유도 루카에 가기 위해서였다. 그전에 잠깐 숙소에 들러서 간단히 채비를 했는데, 숙소에서 신기한 일이 있었다. 숙소 안에서 우연히 당일이 형을 만난 것이다.

당일이 형은 뮌헨에서 한방을 쓴 형이다. 뮌헨이 첫 여행지여서 긴장도 많이 하고 얼떨떨했는데 형이 많이 도와주었다. 유럽에서는 다들 여행지가 비슷해서 여러 번 만나는 경우도 있다고 하던데, 그래도 두 번이나 같은 숙소를 쓰게 된 건 정말 신기했다.

그리고 내내 혼자 다니다가 아는 사람을 만나니까 괜히 든든하고 반가웠다. 뮌헨을 떠나 그동안 내가 겪은 일들을 형한테 죄다 쏟아내고 싶었는데, 루카에 가야 하니까 일단 참았다. 형을 보니까 갑자기 막 투정을 부리고 싶었나 보다. 혼자 잘할 것처럼 큰소리쳤는데, 막상 당일이 형을 만나고 나니까 역시 혼자보다는 함께 있는 게 좋다는 생각이 들었다.

덕분에 루카로 가는 길이 가볍고 흥겨워졌다. 루카에 가니 성 안에 있는 가장 높은 탑에서 전경을 볼 수 있었다. 탁 트인 풍경도 보고, 아기자기한 골목을 돌아다니면서 구경도 했다. 복잡한 도시에 있다가 이렇게 조용한 데 오니까 편안해졌다. 여기저기 재빠르게 가서 줄을 설 필요도 없고, 길을 찾으면서 사람들한테 치일 일도 없고, 천천히 걸어가면서 둘러볼 수 있었으니까. 어떤 사람은 한적해서 지루한 곳이라고 할 수도 있겠지만 계획에 쫓기던 나 같은 사람한테는 딱 맞았다.

앞으로의 일정에도 이런 강약 조절이 있었나? 잘 생각이 안 났다. 워낙 빡빡하게 짜서 쉬는 시간이 있었는지도 기억이 안 난다. 실컷 욕심을 부려서 짠 내 계획표…… 이제는 다시 살펴볼 필요가 있을 것 같다. 계획이 내 여행의 전부가 아닌데 왜 이렇게 연연했나 모르겠다. 이탈리아에 와서 계획에 더 집착했던 것 같다. 아마 가야 할 곳이 많아서 그랬겠지. 하지만 조금씩 생각을 바꾸어야 할 것 같다. 잘 될지는 모르겠지만…….

루카에서 은근히 많이 걸었더니 돌아오는 기차 안에서는 온몸이 노곤해졌다. 내 컨디션을 알았는지 오늘 숙소 저녁 메뉴는 삼겹살이었다. 당일이 형만큼 반가웠다! 만세! 당일이 형이랑 다른 룸메이트 형들까지 모두 모여서 삼겹살 파티를 했다. 그러고 나서 다 함께 미켈란젤로 언덕으로 야경을 보러 갔다.

역시 같은 야경이라도 혼자 볼 때랑은 정말 느낌이 달랐다. 다 함께 서서 멋있다고 외치면서 봐서 그런가, 같이 사진도 찍고 왁자지껄하게 봐서 그런가, 차분해 보였던 첫날 노을과는 달리 힘 있게 느껴졌다.

형들이랑 야경을 보면서 각자 살아온 이야기도 나누고, 미래에 대한 이야기도 했다. 형들은 아직 어린 나를 부러워했다. 기회가 더 많

이 남아 있기 때문이라고 했다. 나는 미래의 모습이 나보다 명확한 형들이 부럽기도 했다. 아니, 적어도 여행을 하면서 나처럼 우왕좌왕하지 않는 형들이 부러웠다. 우리는 많은 이야기를 나누면서 정말 친해졌다.

이런 게 진짜 여행인 것 같다. 관광지를 다니면서 멋있고 좋은 걸 보는 것도 중요하지만, 좋은 사람들을 만나서 서로의 이야기를 나누는 것도 여행에서 빠질 수 없는 일인 것 같다. 지금까지 혼자서 고민만 잔뜩 안고 있었는데, 좋은 형들을 만나서 이야기하고 나니까 마음이 한결 가벼웠다. 혼자 고생하면서 잔뜩 화를 냈던 일들도 형들이랑 이야기하니까 키득거리면서 웃을 수 있었다. 이제는 함께하는 즐거움과 혼자 즐길 줄 아는 여유를 아는 나는…… 챔피언? 크하하. 갑자기 싸이 형 생각나네.

그래, 웃자! 앞으로 더 잘할 수 있을 거야! 힘들어도 이젠 웃는 거야! 이런

저런 일들을 겪으면서 점점 여행의 참맛을 알아 가고 있잖아. 그것만
으로도 충분해. 욕심을 좀 버리고, 차근차근 다시 해 보자!

루카 전경

3. 나만의
배낭여행을 위한
열 가지

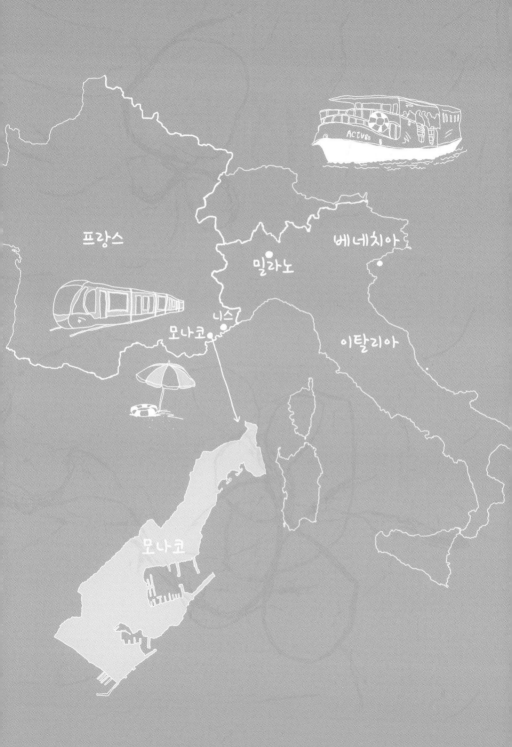

프랑스

밀라노

베네치아

니스

모나코

이탈리아

모나코

베네치아

2012년 7월 13일_ 베네치아

• 하나, 도착하는 날은 주변 길을 익힐 것

베네치아에서는 본섬에 숙소를 잡아 두었다. 그래야 주변 지역으로 이동하기 좋기 때문이다. 숙소에 도착하니 숙소 사장님이 스물아홉 살까지는 '롤링베니스 카드'를 구입하면 저렴하게 여행할 수 있다고 알려 주었다. 드디어 나이 혜택을 제대로 받는구나!

그동안의 경험에 비추어 봤을 때, 새로운 곳에 도착한 첫날에는 무리하지 말고 주변 지리를 익혀야 한다. 그래야 나머지 날에 고생을 덜했다.

기차역과 버스 정류장 위치를 알아 두고, 트램이 있다면 트램 노선도 미리 알아 두면 편하다. 베네치아는 수상 버스가 교통수단이어서 버스 방향과 정류장을 봐 두었다. 숙소 주변 동네를 둘러보는 일도 중요하다. 상점은 어디에 있는지, 맛있어 보이는 가게가 있는지 쭉 훑어보는 거다. 그러면서 우연히 다음 날 갈 장소를 발견하기도 한다. 오늘은 중심부인 산타루치아 역으로 가는 길을 집중적으로 알아 뒀다. 역으로 가는 길만 알아 놓아도 나중에 이동할 때 한결 편하니까.

베네치아는 같은 이탈리아여도 먼저 다녀온 로마나 피렌체하고는 느낌이 많이 달랐다. 생활 방식도, 풍경도 전부 달랐다. 그동안 삽질했던 것들을 모두 잊고 새롭게 시작하기에 딱 좋은 곳이라는 생각이 들었다.

이번에는 좀 더 철저하게(?) 낮뿐만 아니라 밤길도 익혀 두었다. 밤에 숙소에서 만난 형과 야경을 볼 겸 산책을 나간 것이다. 사실 살짝

물의 도시 베네치아

길을 잃었는데 우리는 계속 산책하는 척을 했다. 낮에 길을 알아 두었는데도 밤에 나오니까 또 달랐다. 그래도 둘이 있으니까 길을 금방 찾긴 했다. 이제 낮과 밤에 모두 길을 익혔으니까 베네치아에 있는 동안은 안심하자.

참, 15분 단위로 짠 내 특급 계획서는 이제 참고만 하기로 했다. 계획서의 압박에서 벗어나는 게 배낭여행을 즐기기 위해 첫 번째 할 일인 것 같았다. 어차피 숙소는 다 예약해 두어서 날짜에 맞춰서 정해진 도시로 이동하면 될 일이고, 그 안에서 돌아다닐 때에는 계획에 집착하지 말아야지. 로마에서 충분히 즐기지 못한 이유가 바로 이 계획서 때문이라는 결론이다. 그동안 길 찾는 것도 압박이었지만 솔직히 계획 압박도 만만치 않았다. 이제부터 다시 시작하는 마음으로, GO!

수로가 이어져 있는 베네치아

• 둘, 길을 익힌 다음 날은 열심히 돌아다닐 것

오늘은 혼자가 아니었다. 대구에서 온 룸메이트 형과, 산마르코 광장을 찾아가던 도중 만난 서른한 살 형, 이렇게 세 명이 함께 다녔다. 대구에서 온 형은 미대생인데 방학이라 미술 공부도 할 겸 여행을 온 거고, 서른한 살 형은 회사를 다니다가 그만두고 이런저런 생각들을 정리하며 여행을 하고 있다고 했다. 여행 와서 만난 사람들 이야기를 들어보면 사연이 다 제각각이다. 물론 형들은 고등학생 신분으로 배낭여행을 온 나를 가장 부러워했지만. 으하하.

산마르코 광장

    계획서를 보지 않고 다니기로 한 첫날인데, 형들이랑 다닐 수 있어
서 다행이었다. 그냥 혼자서 여기저기 기웃거리기만 했으면 결국엔
계획표를 꺼내 보고 또 패닉에 빠졌을 거다. 이럴 때 보면 난 소심한
구석이 좀 있는 것 같은데 대범한 여행을 하고 있는 형들을 보면서
나도 스타일을 조금씩 바꾸어 보기로 한 것이다.

    베네치아에서 일정의 시작과 끝은 산마르코 광장이었다. 숙소에서 이동할 때 꼭 지나쳤고, 여기가 베네치아의 중심이기도 했다. 그 말은, 길을 잃어버리면 일단 무조건 산마르코 광장으로 돌아와 다시 찾으면 된다는 말이다. 난 첫날 길을 알아 두었으니까 산마르코 광장까지는 잘 찾아올 수 있었다.

우리 셋은 광장 주변을 둘러보고 사진도 잔뜩 찍었다. 그러다 광장 끝에서 곤돌라라고 하는 특이한 배를 발견! 베네치아의 상징이니까 한번 타 볼까 하고 다가갔다가, 한 시간에 100유로라는 말에 탄식을 뿜어내며 돌아 나왔다. 100유로면 우리나라 돈으로 대충 13만 원 ~15만 원 정도잖아. 배 한 번 타는 데 왜 이렇게 비싼 거야?

곤돌라 타는 곳

탄식의 다리

　우리는 자연스럽게 '탄식의 다리'로 이동했다. 이 다리는 두칼레 궁전과 감옥을 연결했던 다리인데, 죄수들이 이 다리를 건너면서 아름다운 베네치아를 다시 못 볼까 봐 탄식을 해서 그런 이름이 붙여졌다고 한다. 우리는 곤돌라를 못 타서 탄식을 내뱉은 거지만, 어쨌든 탄식의 다리와 걸맞긴 했다. 킥킥.

　탄식의 다리에서 사진을 찍고 우리는 서둘러 수상 버스를 타고 부라노 섬으로 향했다. 오늘은 본섬뿐만 아니라 주변 섬까지 보기로 했으니까 부지런히 움직여야 했다. 길도 알고, 체력도 가장 좋은 두 번째 날 가장 열심히 돌아다녀야 하니까. 이건 형들도 모두 동의했다. 그래야 나머지 날들을 여유롭게 보낼 수 있고, 그동안 다음 도시로 가기 전에 체력도 비축할 수 있다고 했다. 이 말도 맞지만 나 같은 경우엔 여행에 익숙하지 않았으니까 혹시나 문제가 생겨서 일정이 틀어져도 보완하기 위해서였다.

부라노 섬은 알록달록한 집들이 줄지어 있는 예쁜 마을이었다. 꼭 레고 블록으로 만들어 놓은 마을 같았다. 아무리 사진을 못 찍는 사람이라도 여기에 오면 사진작가 뺨치는 사진을 찍을 수 있을 것 같다.

집마다 다른 색으로 페인트칠을 하는 이유가 궁금해서 나중에 찾아보니, 어업을 주로 했던 이곳 주민들이 고기잡이배를 알록달록하게 칠하던 것에서 유래가 되었다고 한다. 지금도 이곳은 집주인이 페인트칠을 하겠다고 정부에 신고를 하면, 정부에서 배색을 생각해서 색을 몇 가지 정해 준다고 한다.

오래 전부터 내려오는 것들을 소중하게 여길 줄 아는 건 이탈리아

부라노 섬

무라노 섬 유리 공예

의 매력이고 배울 점이다. 옛것을 잘 지키는 일이 얼마나 큰 자산이
되는지 이탈리아에 있는 동안 알 수 있었다.

형들과는 부라노 섬까지만 함께 다녔다. 그 옆에 있는 무라노 섬에
는 나 혼자 갔다. 오늘 하루 일정을 함께 하기로 했지만, 형들이 가고
싶어 한 곳이 내 생각과는 조금 달라서 따로 갔다
가 숙소에서 만나기로 한 것이다.

무라노 섬은 유리 공예로 유명한 곳이었다.
역시나 입구부터 공예품 상점이 늘어서 있었다. 상
점들을 구경하면서 슬슬 길을 걷다가 우연히 유
리 공예를 하는 모습도 직접 볼 수 있었다. 관광
객을 위해서 공개된 곳에서 유리 공예를 하는

걸 보여 주고 있었다. 하지만 맛보기가 끝나자 더 알고 싶은 사람은 돈을 내고 다음 과정을 보라고 했다. 흥, 지금 나 간 본 거야? 은근히 완성되는 장면을 기대하면서 집중했는데 맥이 좀 풀렸다. 에이, 배낭 여행객한테 이런 건 사치인데! 구경하던 다른 사람들처럼 나도 끝까지 보지 않고 그냥 돌아섰다.

무라노 섬을 다 구경하고 나서 다시 본섬으로 돌아왔는데도 시간이 좀 남았다. 길을 미리 알아 둔 덕분에 이동 시간이 훅 줄어들었기 때문이다. 히히, 신 난다. 진작 이렇게 좀 할걸. 이대로 그냥 숙소로 돌아가긴 좀 아까워서, 오전에 형들이랑 다니느라 제대로 못 본 산마르코 성당을 다시 보러 갔다.

성당은 두칼레 궁전과 나란히 서 있었는데, 마침 궁전 앞에는 사람들이 잔뜩 줄을 서 있고 산마르코 성당 앞에는 한 명도 없기에 신 나게 달려갔더니, 이미 종료 시간이 지나 버린 뒤였다. 딱 1분 늦은 건

무라노 섬

데……. 아저씨들 거참, 빡빡하네.

그래도 오늘 형들이랑 보자고 생각했던 데는 다 봤으니까 뿌듯했다. 게다가 우연히 산마르코 광장에서 불꽃놀이를 보는 행운도 얻었다. 7월 14일이면 파리에서도 프랑스 혁명 기념일이라 에펠 탑에서 불꽃놀이를 한다고 하던데, 이곳에서 불꽃놀이를 볼 줄이야!

나는 성당을 못 본 대신 일찌감치 자리를 잡고 불꽃놀이를 구경했다. 바다 위로 터지는 불꽃은 정말 환상적이었다. 이렇게 아름다운 광경은 누구랑 보면 더 좋을까? 지금 생각나는 사람은 누구? 나중에…… 어른이 돼서 여자 친구랑 볼 수 있었으면 좋겠다! 엄마 미안. 엄마한테는 아빠가 있잖아, 히히.

머리 위로 떨어지는 불빛이 베네치아에 와서 달라진 내 모습을 더 빛나게 해 주는 것 같았다. 그동안의 경험을 바탕으로 조금씩 더 잘 해 나가고 있었다. 이렇게 가슴이 쭉 펴지는 기분이 자신감이라는 거잖아. 나도 하나 얻었네. 정말 기쁘다.

아무튼 이렇게 보람차게 다닌 날이 없던 것 같다. 아이고, 늦게까지 엄청 걸어 다녔더니 진짜 피곤하다. 이제 얼른 쉬어야지.

베네치아 불꽃놀이

91

2012년 7월 15일_ 베네치아에서 세 번째 날

• 셋, 나에게 휴식을 주자. 맛있는 음식은 보너스!

확실히 어제 무리해서 그런지 아침부터 몸이 찌뿌둥했다. 이런 날에는 무리한 일정보다는 하루쯤 쉬엄쉬엄 다니는 게 좋다. 괜히 무리했다가는 오늘도 제대로 못 다니고, 그 다음 날까지 컨디션이 엉망이 된다.

혼자 있으면서 몸이 아프면 마음이 더 약해졌다. 멀미 하나에도 서럽다고 끙끙거리고 그 난리를 쳤는데, 몸살이라도 나면 난 당장이라도 집으로 돌아가는 비행기를 예약할지도 모른다. 그런 사태가 벌어지면 안 되니까 몸 관리를 잘해야지. 이제는 어떤 일이 생겨도 이 여행을 제대로 즐기고 잘 마무리하기로 했으니까.

리알토 다리

몸에 기운이 없으니까 일단 맛있는 음식이 당겼다. 그래서 리알토 다리 근처에 있는 유명한 먹물 파스타집을 찾아갔다. 유명한 집이라고 해서 금세 눈에 띌 줄 알았는데, 작은 가게였는지 찾을 수가 없었다.

먹물 파스타가 미친 듯이 먹고 싶었던 건 아니어서 포기하고 일단 허기를 채우려고 수산 시장으로 갔다. 바닷가 마을이어서 해산물이 신선하니까 수산 시장에 가면 맛있는 해물 요리를 먹을 수 있을 것 같았다. 근데 결국 수산 시장도 못 갔다. 지나가던 할머니에게 수산 시장 위치를 물었더니, 할머니는 나를 딱하다는 듯이 쳐다보면서 일요일에는 시장이 열리지 않는다고 이야기해 주었다. 내가 정말 기운 없어 보였는지 할머니는 내 어깨를 토닥여 주었다.

오늘은 좀 제대로 식도락 여행 좀 해 보려고 했더니 마음대로 안 되는구나. 그렇다고 마냥 처져 있을 수만은 없지. 그동안 이런 일이 한두 번은 아니었으니까. 이젠 익숙해질 때도 됐잖아? 하하. 폼페이에서처럼 예상대로 되지 않았다고 초조해할 필요는 없다.

얼른 간단하게 요기부터 하

리도 섬 과일 가게

고 나서 침착하게 지도를 펴고 갈 만한 곳을 찾았다. 조건은, 여기서 가깝고, 복잡하지 않은 곳이어야 했다. 산마르코 광장에 갔다가 평일보다 훨씬 많이 북적거려서 도망치듯 빠져나왔기 때문이다.

그때, 지도에서 리도 섬이 눈에 띄었다. 한적해 보이니 쉬엄쉬엄 다녀야 하는 나한테는 딱 맞는 곳인 것 같았다.

리도 섬에 도착해서도 무리하게 관광지를 찾지 않고 큰길을 따라 산책하듯 걸었다. 걷다가 쉬다가 하면서 정말 천천히 다녔다. 그러다 과일을 파는 곳이 눈에 띄었다. 마침 목도 말라서 얼른 청포도랑 방울토마토를 사 먹었다. 어찌나 맛있던지! 아침에 시장을 가려다 퇴짜를 맞아서 그런가, 우연히 발견한 과일이 더 맛있게 느껴졌다. 토마토는 정말 지금까지 먹어 본 토마토 중에 최고였다. 과일을 먹었을 뿐인데 기운이 났다. 비타민이 부족했나? 히히. 일부러 찾아간 곳에서는 먹고 싶은 걸 먹지도 못했는데, 우연히 발길을 돌린 곳에서 맛있는 걸 먹다니……. 여행 오래 하고 볼 일이다! 하하.

정말 여행을 오래 하다 보면 오늘처럼 마음을 여유롭게 갖고, 몸도 좀 쉴 수 있게 재충전하는 시간이 필요한 것 같다. 오늘 나한테 휴식을 준 건 정말 잘했다. 이렇게 보너스 같은 과일 가게도 만나고!

리도 섬에서 나와 다시 산마르코 광장 쪽으로 갔지만 여전히 사람들로 북적거렸다. 다리도 무거워져서 이만 숙소로 돌아가기로 하고, 마트에 가서 바게트나 좀 사 먹으려고 했다.

근데 오늘은 하늘이 내 편인 걸까? 대형 마트에 도착하기 바로 직전에 먹물 파스타 가게를 발견! 고민할 것도 없이 냉큼 들어가서 먹물 파스타를 주문했다. 대박! 왜 여기는 맛집으로 소개가 안 된 거지? 사실 먹물 파스타는 처음 먹어 보는데 내 입맛에 잘 맞았다! 생각하니까 또 먹고 싶어지네. 아까 과일 가게보다 훨씬 더 좋은 대형 보너스인 셈이다! 맛있는 음식을 먹고 나니까 한결 몸이 가뿐해졌다.

먹물 파스타

숙소에 와서는 유럽에 도착한 이후로 가장 깊게 잠을 잤다. 아주 오랫동안 푹 잤다. 여행을 오니까 이렇게 길게 잘 수도 있구나. 더없이 행복했다. 일정에 쫓기던 학기 중에는 생각도 못할 일이었으니까. 베네치아에서 마지막 날에 기운 없이 헤매다 갈까 봐 조금 걱정했는데, 맛있는 음식에 아낌없이 투자한 건 정말 잘한 것 같다.

그러고 보니, 오늘 이렇게 몸이 안 좋았는데 한 번도 엄마를 찾지 않았다. 하하. 이 나이에 아프다고 엄마 찾는 게 창피한 일인 건 알지만, 낯선 데서 혼자 아프니까 서러움 폭발에 어리광이 절로 나오던데. 오늘 본격적으로 아팠던 건 아니지만 그래도 몸살 기운이 있었는데 스스로 몸보신할 것도 잘 찾아 먹고 잘 쉬었다. 아프고 나면 자란다더니, 은근히 내 자신이 의젓해진 것 같았다.

베네치아는 그냥 어느 길에 앉아 있어도 마음이 풍요로워지는 곳이었다. 바다를 끼고 따뜻한 느낌을 가득 품은 곳이었기 때문이기도 하겠지만, 내 마음가짐이 지금까지와는 달랐기 때문이다. 여행의 중간 지점이어서 마냥 지쳐 있을 수도 있었는데, 베네치아에서 보낸 휴식이 보약이 되었다. 이즈음 베네치아에 와서 다행이라고 생각했다. 이럴 줄 알고 짠 일정은 아니었는데 잘 들어맞았다. 이 기분을 잘 기억하고 있다가 훗날 마음이 지치는 순간이 오면, 그때 꼭 다시 베네치아에 와야겠다.

베네치아의 야경

밀라노, 베로나와 시르미오네

• 넷, 위험 앞에 당황하지 말 것!

베네치아에서 밀라노로 가는 길에 몇 가지 사소한 행운을 만났다. 첫 번째 행운은, 기차역 가는 길에 근처 슈퍼마켓에서 샌드위치와 식빵을 아주 저렴하게 산 것! 여긴 널린 게 빵인데 너무 비싸게 사면 왠지 억울하다. 싼데 맛도 있었으니까 성공한 셈이다.

그리고 또 하나는, 호기심에 들어갔던 중국인 슈퍼마켓에서 한국 과자 발견! 내 사랑 새우깡! 흐흐. 내가 제일 좋아하는 과자를 여기서 만나니까 어찌나 반갑던지……. 일단 가는 길에 바로 먹을 거 한 봉지 사고, 나중에 생각나면 먹으려고 한 봉지를 더 샀다. 아, 과자 두 봉지에 세상을 다 가진 것 같았다. 히히.

하지만 오늘의 행운은 여기까지였다. 밀라노 역에 도착해서 약간 위험한 상황에 휘말릴 뻔한 것이다.

밀라노 역은 큰 도시라서 그런지 사람들이 꽤나 북적거렸다. 사람이 많은 역에 왔을 때에는 나도 모르게 짐을 끄는 손에 힘이 들어갔다. 긴장해서……. 이탈리아는 특히 소매치기를 조심해야 한다는 이야기를 많이 들어서 더 그랬다.

숙소까지 가는 지하철 표를 사려고 자동판매기 앞에 섰을 때였다. 허름한 차림을 한 사람이 내 옆에 붙어서 참견을 하기 시작했다. 일단 짐을 꽉 붙들고 그 사람 말은 무시했다. 기계에서 표가 나오자 자동판매기 아래쪽에서 거스름돈이 나왔다. 그때, 그 사람이 정말 빠른 속도로 내 돈을 가로채 갔다! 아, 진짜 깜짝 놀라서 순간 몸이 굳었다. 나도 모르게 "내 돈!" 하고 소리치면서 그 사람을 쫓아갔다. 대체 어디서 그런 용기가 생겼는지 모르겠다. 평소의 나라면 상상도 못할 일이다. 발을 동동 구르며 엄마나 아빠만 불렀겠지.

다행히 그 사람은 그렇게 돈을 훔치는 걸 몇 번 안 해 봤는지, 내가 소리를 지르자 같이 당황했다. 그러고는 나한테 돈을 던지다시피 돌려주고 도망을 갔다. 온몸에서 식은땀이 났다.

뭐, 배낭여행하다 보면 흔하게 겪는 일이라고들 하지만 난 처음 겪어서 당황했다. 내가 만난 형들 중에서도 소매치기를 당한 형들이 몇 있었다. 방심하면 짐을 전부 도둑맞을 수도 있다고 했다.

한편으로는 길거리에서 사는 그 사람들이 불쌍하기도 했지만, 내 안전을 위해서 좀 냉정하게 대해야 했다. 아무리 남자여도 혼자 여행하니까 좀 더 안전에 신경 써야 한다. 돈을 잃어버리는 것도 큰일이지만 다치면 안 되니까. 오늘만 해도 그렇다. 그 사람을 잡으려고 쫓아갔던 건 좀 위험했던 것 같다. 그냥 주변에 있는 경찰이나 역무원한테 도움을 요청했어야지.

저녁에도 룸메이트 형들이랑 함께 야경 보러 나갔다가 또 돈을 요구하면서 들러붙는 흑인들을 만났다. 형들이랑 같이 있어서 위험하진 않았는데, 혼자 야경 보러 나왔으면 정말 무서울 뻔했다. 자칫하면 싸움이 붙거나 강도를 당할 수도 있다고 해서 야경을 볼 때에는 늘 여럿이 다니기로 했다.

어쨌든 위험한 상황에 놓였을 때 당황하

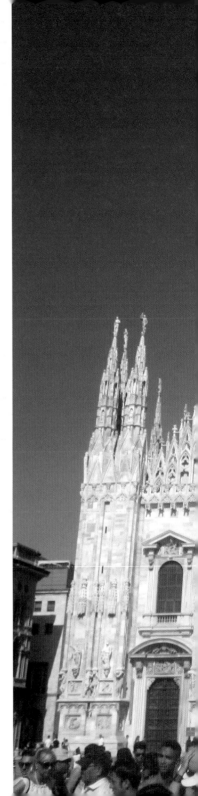

밀라노 대성당

면 더 큰일이 벌어질 수도 있으니까 첫째도 침착, 둘째도 침착해야 했다. 새로운 곳으로 이동할 때에 인터넷으로 현지 상황을 미리 조사해 보고 가는 것도 도움이 되었다. 나폴리나 밀라노처럼 유독 소매치기가 심한 곳이 있으니까 여행자들끼리 정보를 공유해 둔 사이트를 통해 미리 알아 두면 대비할 수 있어서 좋았다. 나중에 갈 파리나 런던처럼 대도시도 위험한 순간이 많다고 하니까 잘 알아보고 가야지. 아무튼, 어떤 상황에서든 절대 당황하거나 허둥대면 안 된다.

아, 그러고 보니 사람한테만 위협을 당한 건 아니었네. 오늘 기어이 그놈의 비둘기들한테 공격을 당했다!

밀라노 대성당 꼭대기에 올라가서 시내를 구경하고 내려오는 길이었다. 어떤 아저씨가 내 쪽으로 곡물 한 바가지를 뿌리는 바람에 밀라노 비둘기들이 죄다 나한테 달려들었다. 이놈의 타조둘기들! 너무 뚱뚱해서 높게 못 날고 사람 키보다 낮게 나는 게 문제다! 비둘기가 사방에서 날아오는 바람에 어디로 피해야 할지 몰라 막 팔을 휘저으면서 허둥거렸다. 완전 바보스러웠다. 하지만 새를 싫어하는 나로선 콜로세움 안에 미친 소 천 마리와 함께 갇혀 버린 느낌이었다. 으, 완전 싫어! 근데 내 반대쪽에서 나랑 똑같은 포즈로 비둘기를 피하던 이탈리아인 누나랑 눈이 마주쳐서 둘 다 "풋!" 하고 웃음을 터뜨렸다. 킥킥. 그땐 엄청 무서웠는데 지금 생각하니까 웃기기도 하네.

오늘 하루를 무사히 보낸 걸 감사하면서, 슬슬 자 볼까? 밀라노에

는 이틀 정도 있을 거지만 밀라노 시내는 오늘 얼추 다 봤고, 내일은
근교인 베로나랑 시르미오네를 갈 거다.

여행을 할 때에는 아침에 일찍 일어나야지 시간을 벌 수 있다. 오늘은 특히나 일찍 나오길 잘한 날이다. 기차 타기 전에 약간 사건이 있었기 때문이다. 역에서 베로나로 가는 기차가 맞는지 확인하려고 역무원 아저씨를 찾았는데 못 찾고 마냥 기차만 기다리고 있었다. 그러다 출발 시간이 거의 다 되었을 때쯤 한 사람을 발견해서 급히 뛰어가 물어보다가, 그만 가방 자물쇠를 기차 레일에 떨어뜨렸다. 기차 시간이 다 돼서 자물쇠는 그냥 놔두고 서둘러 탔다.

오늘은 시르미오네도 가려고 했기 때문에 추가 요금을 8유로나 더

베로나 구시가지

내고 빠른 기차를 탔다. 빨리 나오면 이렇게 이동할 때 변수가 생겨도 다른 방법을 선택할 수 있어서 좋긴 한데, 조금만 돌아다녀도 피곤해지는 게 문제다. 베로나에 빨리 도착하긴 했지만 아레나까지 가기도 전에 지쳐 있었다. 헉헉.

이럴 때에는 내 사랑 젤라또 아이스크림을 하나 먹어 줘야 한다! 이탈리아에 와서 가장 많이 먹은 게 뭐냐고 묻는다면, 단연 젤라또 아이스크림이다. 처음엔 더워서 하나씩 먹었는데 어느새 중독 수준이 되어 있었다. 내 연료 젤라~또! 먹을 때마다 이게 마지막이라고 주문도 외워 보지만 어쩔 수 없다. 히히히.

아무튼, 오늘도 두 군데나 가기로 했으니까 힘내자는 의미로 젤라또 아이스크림을 하나 사 먹었다. 그것도 큰맘 먹고 3유로짜리로! 있어 보이게 세 덩어리나 얹어서. 먹는 내내 완전 행복했다. 쿡쿡. 젤라또 아이스크림 덕분일까? 아레나랑 줄리엣의 집까지 힘든 줄 모르고 돌아다녔다.

아, 줄리엣의 집에 오니까 누나 생각이 절로 났다. 누나가 줄리엣을 닮아서가 절~대 아니고! 초등학교 5학년 때였나? 나는 그 무렵 셰익스피어 작품들을 거의 다 읽었는데,《로미오와 줄리엣》도 그중 하나였다. 그걸 억지로 잡아 놓고 읽게 한 장본인이 우리 누나다.

난 어릴 때 정말 책을 싫어하는 애였다. 평소에도 책을 손에서 놓지 않던 누나는 그런 나를 고쳐 놔야겠다고 생각했는지 잡아 두고 책을

줄리엣의 집

읽게 했다. 왜 셰익스피어였는지는 잘 모르겠다. 하지만 그때 셰익스피어의 4대 비극과 5대 희극까지 모두 읽은 덕분에 내가 탄자니아에 와서 공부할 때 정말 많은 도움이 되었다. 영어 문화권에서 고등학교를 다니면 셰익스피어를 모르고는 공부를 할 수가 없으니까.

아무튼, 줄리엣의 집에 들어서니까 이 모든 게 다 자기 덕분이라며 으스대는 누나의 목소리가 들리는 것 같았다. 붙어 있으면 만날 티격태격해도 이렇게 떨어져 있으면 은근 보고 싶다니까.

줄리엣의 집에서는 신기하게도 사람들이 줄리엣 동상 앞에서 가슴을 만지면서 소원을 빌고 있었다.

여기 온 사람들은 한 번씩은 다 하고 가는 것 같아서 나도 한번 소원을 빌어 보았다. 큼큼. 정말 순수하게 소원에만 집중했다. 절대 음흉한 의도는 없었다. 오해하지 마시길……. 킥킥.

베로나에서 시르미오네까지는 버스를 타고 갔다. 도착하자마자 지도를 보면서 구시가지 입구에서 시르미오네 성 꼭대기까지 올라가기로 했다.

오르막길을 보니 역시나 당이 떨어지는 느낌이 훅 왔다. 젤라또 아이스크림 약발이 벌써 떨어진 건가……. 어디 또 아이스크림 파는 데가 없나 하고 둘러봤더니 과일 파는 노점이 눈에 띄었다. 나는 그중에서 제일 싼 레몬을 집었다. 원래 신 걸 좋아하고 잘 먹어서 우적우적 먹었는데, 내 옆에서 걸어

레몬 가게

가던 사람들은 그런 나를 보면서 자기들이 신 걸 먹는 듯 얼굴을 잔뜩 찡그렸다. 난 시원해서 웃으면서 먹는 건데, 쿡쿡. 레몬 연료를 가득 충전하고, 성큼성큼 가파른 계단을 올랐더니 탁 트인 호수가 나를 기다리고 있었다. 성이 호수 위에 떠 있는 것 같은 멋진 풍경이었다. 입속도 가슴속도 시원~했다!

뿌듯한 가슴을 안고 내려오는 길에 이게 웬일! 또 젤라또 아이스크림 가게를 발견했

다. 으하하. 정말 그만 먹기로 다짐했는데⋯⋯. 무슨 작심삼일은 고사하고 작심하루도 못 간다.

이번에는 맹세코 정말로 그냥 지나가려고 했다! 근데 아이스크림 가게 몇 개 중에 유독 한 군데만 사람들이 몰려 있었다. 너무 궁금했다. 저긴 좀 다른 젤라또를 파나 하고 슬쩍 구경만 하고 가려고 했는데, 가게 직원이 나한테 시식을 권하는 게 아닌가! 시식까지 했는데 양심상 안 사 먹기가 멋쩍어서 제일 작은 걸로 하나 샀다. 그런데, 아까 먹은 3유로짜리보다 훨씬 맛있었다. 그냥 지나갔으면 큰일 날 뻔했잖아! 1.5유로였는데 3유로짜리만큼 덩어리도 크고, 최고!

오늘 아이스크림을 두 번이나 먹어서 그런지 발걸음이 그 어느 때보다 가벼웠다. 역시 젤라또는 나의 힘! 시르미오네를 기분 좋게 흥얼거리면서 걸어 다녔다. 입속에서 퍼지는 달콤한 느낌도 좋고, 넓은 호수에서 불어오는 살랑살랑 바람 소리도 좋았다.

로마에서 가장 아쉬웠던 순간이, 잔뜩 지쳐서 젤라또 아이스크림만 기대하고 스페인 광장에 갔는데 못 먹었을 때였다. 그때부터 젤라또 아이스크림에 집착한 건가? 하하. 그동안은 돈 아긴다고 간식을 생략한 날도 많았는데, 좋아하는 간식을 먹으면서 다니니까 훨씬 활력이 생겼다. 물론 간식으로 예산을 초과하면 안 되겠지만, 이렇게 적절한 가격에 맛 좋은 젤라또 아이스크림이 나타나면 하나씩 먹어 줘야지. 이것도 여행 에너지를 충전하는 방법 중 하나니까.

배낭여행은 뚜벅이로 다닐 때가 많으니까 체력이 떨어지거나 짜증 나는 순간이 자주 왔다. 여행 초반에는 그럴 때마다 혼자 끙끙거리기만 했다. 지금에 와서 생각해 보면 좀 미련했던 것 같다. 엄마한테 전화해서 투덜거리는 것도 한두 번이지, 이쯤 되면 혼자 알아서 달랠 줄 알아야 한다. 이왕 왔으면 즐겨야지 입만 내밀고 있으면 나만 손해니까. 나 혼자 왔고, 여긴 다 나 같은 여행자들뿐인데 내 투정만 받아 줄 사람은 없다. 게다가 이젠 어린애도 아닌데 누구한테 응석만 부릴 나이도 아니고…….

그럴 때 간식을 먹으면 기분 전환하는 데 도움이 되었다. 달콤한 간식을 먹으면 기분이 절로 좋아지니까. 먹고 힘내고, 힘들면 또 먹고 힘내고! 하하. 하긴, 난 한창 먹을 나이니까 젤라또 아이스크림 너무 많이 먹었다고 자책하지 말아야지. 후후. 여행 노하우가 하나씩 쌓여 가는 것 같아서 정말 기분이 좋다.

시르미오네 성

니스, 앙티브, 모나코

2012년 7월 18일 _ **니스**

• 여섯, 현지인처럼 지내기

유럽에 온 지 벌써 보름이 지났다. 처음 허둥대던 때랑은 정말 많이 변했다. 우선, 기차를 타고 다른 나라로 이동하는 게 익숙해졌다. 기차로 국경을 넘나들다니, 처음에는 정말 생소했다. 여행 초반에는 환승해서 가야 할 때면 중간에 기차를 놓칠까 봐 엄청 긴장했는데, 기차 시스템을 어느 정도 알고 난 다음에는 별로 겁나는 것도 없다. 유럽 사람 다 됐구먼. 하하.

오늘은 그렇게 긴장하지 않고 기차로 프랑스에 온 날이다. 밀라노

에서 IC 기차를 타고 벤티미글리아라는 곳에서 무사히 환승을 하고
나서 니스까지 잘 도착했다.

　아, 갈아탄 열차에서 재미있는 일도 있었다. 옆 사람이 '스도쿠'라
는 수학 퍼즐을 하고 있었는데, 평소 나도 좋아하던 퍼즐이어서 곁
눈질하며 속으로 풀고 있었다. 근데 나도 모르게 속으로 생각하던 답
을 소리 내어 말하고 말았다. 헉, 창피해. 옆 사람은 놀라서 나를 쳐다
보다가 기꺼이 퍼즐 한 페이지를 찢어 나한테 건네　　　주었다.
고맙다고 멋쩍게 인사를 하고 퍼즐을 풀면서 니스까지　　갔다. 엄

청 부끄러웠는데 덕분에 지루하진 않았다. 쑥스럽고 낯설어서 외국인한테 말 걸기도 힘들어하던 이지원은 어디로 갔니? 히히. 여행하면서 점점 뻔뻔해지나 봐~.

니스 역 앞은 트램과 자동차, 사람들이 뒤섞여 길이 복잡해서, 숙소 가는 길을 찾기 꽤 힘들었다. 나는 뮌헨에서처럼 머뭇거리지 않고 바로 유스 호스텔로 전화를 했다. 그리고 직원이 친절하게 알려 준 덕분에 쉽게 찾아갈 수 있었다. 역시 모를 땐 끙끙거리지 말고 물어보는 게 최고다!

이젠 길을 잃어버려도 당황하는 일이 많이 줄어들었다. 처음엔 길을 물어보는 것도 쭈뼛댔는데……. 뭔가 하나씩 능숙해질 때마다 여행 초반에 내가 실수했던 것들이 떠오른다. 부끄럽기도 하고 재미있기도 하고, 그걸 바탕으로 나만의 새로운 법칙을 찾기도 했다.

그래서인지 이제는 새로운 곳에서도 제법 자연스럽게 행동했다.

니스 해변의 야경

일단 새로운 곳에 도착하면 길을 익히면서 주변 시설을 알아 두기로 한 건 잘 실천하고 있었다. 거기에 더 나아가서 숙소에 짐을 풀고 나면 어느새 우리 동네인 양 익숙하게 장을 보고 있었다. 시장이나 마트에 가서 먹을 것도 사고, 필요한 생필품을 사 두었다.

오늘은, 그저께 기차역에서 잃어버린 자물쇠를 대신할 엄청 큰 자물쇠를 하나 샀다. 1.5리터짜리 물 여섯 개랑 딸기잼, 식빵이랑 치즈도 샀다. 니스에 있는 동안 내 식량이다. 방에 가서 느긋하게 먹어야지. 물론 이런 물건들을 여행 도중에 보이는 대로 사도 되지만, 그러면 짐을 들고 다녀야 하니까 불편하고, 물건을 잃어버리기라도 하면 낭패니까 미리 사 두면 편하다.

오늘 니스에 도착했는데, 왠지 니스에서 쭉 살던 사람 같다. 그만큼 내가 이 여행을 편안하게 즐기고 있다는 뜻이겠지? 어리둥절하던 시절은 지났고, 이제 무엇을 어떻게 해야 좀 더 효율적으로 다닐 수

있을지 생각하는 단계인 것 같다. 아무튼 점점 발전하고 있는 것 같다. 좋았어!

오늘 숙소에서 만난 주연이 형도 나처럼 도착한 지 얼마 안 됐다는데, 여기에서 산다고 해도 믿을 만큼 이미 이곳에 익숙해져 있었다. 왠지 친근해서 형한테 생수 한 병을 선물했더니 단번에 친해졌다. 그래서 저녁에 형이랑 구시가지를 지나서 니스 해변으로 바람을 쐬러 갔다.

니스 해변은 모래가 아니고 자갈로 되어 있었는데, 자갈을 보니까 물수제비가 생각났다. 형이랑 그 자리에서 물수제비 대결을 했다. 형은 엄청 잘하고 나는 퐁퐁퐁 세 번밖에 못했다. 물수제비까지 뜨고 있으니까 정말 동네 형이랑 집 근처 바닷가에 놀러 나온 것 같았다.

오늘만큼은 여행객 티 안 내고 동네 사람인 척 자연스럽게 놀았다. 이렇게 노는 것도 은근히 재미있었다. 평화로운 분위기 때문에 왠지 니스가 좋아질 것 같은 예감이다.

• 일곱, 배낭여행객의 자부심

오늘은 파리로 가는 열차를 예약하는 미션이 있는 날이었다. 그동안은 온라인으로만 좌석이 있는지 알아봤는데, 니스까지 왔으니까 이제 적극적으로 좌석을 알아봐야 했다. 그때 룸메이트 형들 말처럼 프랑스 안에서 이동하는 열차를 예약하는 건 정말 쉽지 않았다.

일단 아침에 구시가지에서 갓 구운 바게트를 먹는 걸로 하루를 시작했다. 바게트를 먹으니까 프랑스에 온 기분이 팍팍 난다. 물론 지금까지도 바게트를 많이 사 먹긴 했는데, 왠지 프랑스에 와서 먹으니까 더 맛있는 건 기분 탓인가? 후후.

니스에 와서 나는 많이 느긋해졌다. 현지 사람처럼 시장에 가서 먹을 걸 조금씩 사는 버릇도 생겼다. 오늘은 니스에서 유명한 올리브를 조금 샀다. 이따 빵이랑 먹어야지.

기차표를 예약하러 가기 전에 숙소 근처에 있는 샤갈 미술관을 들르기로 했다. 샤갈 미술관이 숙소에서 걸어갈 수 있는 거리라고 해서 선택했다. 니스에는 현대미술관이랑 마티스 미술관도 있지만 미술관은 하나만 찍어서 보기로 했다. 오늘은 더 중요한 미션이 있으니까.

샤갈 미술관은 지금까지 봤던 박물관들이랑은 느낌이 달랐다. 현대 미술이어서 그런지 사실적인 그림들보다 더 개성 있어 보였다. 게다가 열여덟 살 이하는 무료여서 더 좋았다. 하하. 그동안 잠깐 잊고 있었는데, 파리에 갈 때 TGV를 타고 갈 수도 있다는 최악의 경우를 생각하니까 돈을 아낄 수 있어서 좋았던 것 같다.

미술관을 다 둘러보고 얼른 기차표를 알아보러 갔다. 직행열차를 타고 가고 싶었는데 표가 생각보다 훨씬 비쌌다. 리옹만 경유해서 가는 기차는 가격이 저가 항공이랑 비슷할 것 같아서 그쪽도 알아보기로 했다. 일단 앉아서 인터넷으로 저가 항공을 알아봤는데 답답해서 직접 근처 여행사에 가서 특가로 나온 표가 있는지 문의하기로 했다.

하지만 여행사 직원의 오해로 정보는 얻지 못했다. 사건은 이랬다. 여행사 직원에게 내가 비행기표 가격을 물어봤더니, 나를 한 번 스윽 훑어본 직원은 내가 원하는 여행 상품은 여기서 예약할 수 없다고 했다. 그래서 무슨 소리냐고 비행기표 가격을 알고 싶다고 다시 이야기하니까, 직원은 짜증을 내면서 패키지여행을 할 모양인데 여기는 한국처럼 호텔까지 다 예약해 주는 곳이 아니라고 대답했다. 황당해서 난 배낭여행 중이고, 파리까지 갈 저가 항공만 알아보러 온 거라고 또박또박 당당하게 이야기했는데 못 믿는 눈치였다. 그러고는 귀찮은지 공항에 가서 알아보라고 해서 그냥 나왔다.

웬지 울컥했다. 내가 어려서 당연히 패키지여행을 할 거라고 생각한 걸까? 나도 혼자 다 알아보고 여기까지 온 건데! 그래서 나름 배낭여행을 하고 있다는 자부심이 좀 생겼는데, 내 자존심을 건드리다니…… 괜히 맘만 상했다!

물론 패키지여행을 왔으면 이런 걱정은 할 필요도 없었을 거다. 편하게 예약된 곳으로만 다니면서 즐겼겠지. 가이드가 안내도 전부 해주었을 거다. 여럿이 몰려다니니까 외로울 틈도 없었을 거다.

하지만 난 배낭여행만의 재미에 만족하고 있었다. 내 생각대로 잘 안 되는 순간도 있었지만, 좀 손해를 봐도 그만큼 다른 걸 얻어 가곤했다. 내가 가고 싶은 대로 가고 먹고 싶은 걸 먹는 자유도 있고, 혼자

마세나 광장

이것저것 생각할 기회도 많아서 좋았다. 사실 외로움도 엄마 아빠랑 지낼 때에는 느껴 볼 틈도 없다가, 여기 와서 맘껏 느끼는 거다. 처음엔 힘드니까 괜히 외롭다고 투덜거린 거고, 외로움을 알고 아니까 오히려 내 주변 사람들이 얼마나 소중한 사람들인지 더 강하게 느낄 수 있었다.

이렇게 처음 도전한 배낭여행을 잘해 나가고 있다고 생각할 즈음에 여행사 아줌마가 내 자존심을 건드린 거다. 뭐, 꼭 남들이 인정해 주어야 하는 건 아니지만 이 억울한 기분은 뭐지. 아니야, 내가 만족하면 된 거지! 누가 알아주길 바라고 하는 건 아니잖아. 기차표나 비행기표는 다른 방법으로 알아보면 되니까 여행사 일은 잊어버리자. 흑.

그래도 여행사에서 진을 빼고 나니 피로가 몰려왔다. 일단은 숙소로 돌아와서 컵라면을 하나 먹으면서 인터넷으로 표를 더 알아봤다. 아직 표를 구하진 못했지만 그래도 이틀 남았으니까 그 안에 구할 수 있겠지? 제발 그러기를……

숙소로 돌아가는 길

• 여덟, 길을 잃어도 낯선 길 즐기기

오늘은 니스와 가까운 앙티브에 잠시 다녀왔다. 오랜 역사를 담고 있는 요새도 있고, 요새 꼭대기에서 바라보는 풍경이 좋다고 해서 가기로 한 것이다.

앙티브에 도착하자마자 안내소를 찾아 지도를 구했다. 지도를 보면서 요새 입구 쪽으로 가다가 갈림길을 하나 만났다. 내가 선택한 길은 산을 타고 빙 돌아가는 길이었다. 좀 험하긴 했는데 바다를 보면서 가니까 갈만 했다.

그런데 가다 보니 혁, 다시 아까 그 갈림길이 나왔다. 이건 뭐지? 갑자기 폼페이의 재앙이 떠오르는 건 왜일까? 허허허. 웃음밖에 안

요새까지 올라가는 길

나왔다. 그래도 산책 한번 잘했다고 툭툭 털고 다시 요새까지 갔다.

폼페이만큼 뜨거운 태양을 머리에 이고 좀 헤맸는데도 하늘도 파랗고 바다도 맑아서 그런지 오늘은 그럭저럭 버틸 만했다. 폼페이에서는 그렇게 씩씩거리면서 어쩔 줄을 몰라 했는데……. 그 당시 내 모습을 누가 봤으면 얼마나 웃겼을까? 혼자 얼굴은 벌겋게 달아올라서 왔다 갔다 하고. 풋! 날씨는 그날 못지않게 덥고, 똑같이 길도 헤맸는데 내 표정은 그때랑 완전 달랐다. 사람이 어떤 마음을 먹느냐에 따라 이렇게 다르다.

요새에 들어가려면 한참 기다려야 해서 다시 지도를 보고 이동했다. 천천히 음료수도 마시면서 피카소 미술관까지 슬렁슬렁 걸어갔다. 매점에서 음료수를 사면서, 폼페이 매점 아저씨한테 하소연 하던 일도 떠올렸다. 그러고 나서 다시 돌아가서 미안하다

피카소 미술관

고 사과했지. 나 정말 혼자 돌아다니면서 별짓을 다 했네. 하하하. 불과 며칠 전 일인데 엄청 옛날 일 같았다.

이탈리아에서 삽질하던 걸 떠올리며 피식피식 웃다 보니 어느새 피카소 미술관에 도착했다. 여긴 한적하기로 유명한 곳이니까 종종거리면서 다니지 않기로 했다. 바람을 쐬면서 조금 쉬다가 그림을 감상하기 시작했다.

어제 본 샤갈의 그림도 마음에 들었지만, 기존의 틀을 과감하게 깬 독특한 피카소 그림은 정말 놀라웠다. 이미 정해진 틀을 깬다는 게 쉽지 않다는 건 나도 이번 여행을 통해서 충분히 느끼고 있었다. 계획대로 빠듯하게 살던 내가 여기 와서 느릿느릿 다니고, 낮잠도 충분히 자고, 이런저런 생각에 잠기기도 하는 건 정말 큰 변화다. 그 변화에 익숙해지기까지 여러 가지 사건을 겪었고, 여러 날 동안 알게 모르게 아주 많이 노력했으니까.

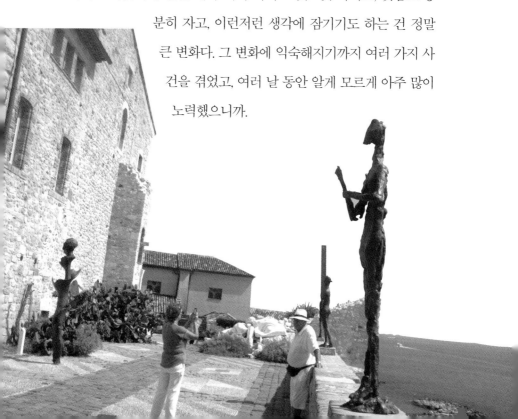

그 다음엔 시장 구경을 갔다. 시장은 정말 활기가
넘쳤다. 그곳에서 유명한 '소카'라는 음식도 먹어 봤다.
화덕에 빈대떡처럼 구운 건데 담백하니 먹을 만했다.

소카

　시장에서 시간을 보내고 다시 요새로 갔다. 이번에는 제대
로 길을 잘 찾아갔다. 요새는 가이드 서비스가 있는 곳이어서 여
러 사람이 모여 함께 들어갔다. 가이드의 설명을 들으면서 한참 동안
요새에서 머물렀다.

　요새에서 내려오는 길에 본 풍경은 아까 길을 헤맬 때 본 풍경보다
훨씬 더 멋있어 보였다. 그래, 길을 잘못 찾았다고 힘들어만 하지 않
고 오늘처럼 좀 느긋하게 생각하니까 얼마나 좋아. 여유롭게 주변도
둘러보게 되고, 덕분에 지름길로 갔을 때에는 못 봤을 풍경도 한 번
더 본 거 아니겠어? 와, 나 완전 긍정적인데? 후후.

앙티브 시장

오늘 나의 긍정 효과
는 니스 역까지 쭉 이어
졌다. 드디어 파리로 가
는 기차표를 예약한 것이
다! 아주 많이 돌아서 가
는 완행열차였지만 그래
도 파리까지 싼 가격에
갈 수 있게 됐다. 역무원

앙티브 요새

아저씨한테 고맙다고 거듭 인사를 했다. 기차표도 구했고, 니스에서 마지막 하루를 마음 편하게 보낼 수 있을 것 같았다. 아, 속이 다 시원하다!

숙소에 왔더니 함께 방을 쓰던 형이랑 누나가 니스 해변에 수영을 하러 가자고 했다. 기분도 좋겠다, 얼른 따라나섰다. 몸에 힘이 쭉 빠질 때까지 물놀이를 하고 나서 먹은 해산물이랑 피자는 정말 최고였다. 오랜만에 배부르게 먹고, 기차표 예약하는 짐도 덜었으니까 오늘 밤에는 두 다리 쭉 뻗고 잘 수 있을 것 같다.

니스 해변의 모습

2012년 7월 21일 _ **모나코**

• 아홉, 예정에 없던 여행지로 가는 용기

어제 물놀이를 하고 꽤 피곤했는지 오늘 결국 늦잠을 잤다. 여행 와서 처음으로 늦잠을 잔 것 같다. 원래는 생폴드방스에 가려고 했는데, 버스 시간에 늦는 바람에 한 시간이나 기다려야 해서 즉석에서 장소를 바꾸었다.

문득, 어제 같이 물놀이했던 누나랑 형들이 전날 모나코에 다녀온 이야기를 했던 게 기억이 났다. 엄청 화려하고 생각보다 볼거리가 많다고 했었다. 그래서 나도 한번 가 볼까 하고 충동적으로 모나코행 기차를 탔다. 사전에 알아본 게 없어서 살짝 불안하긴 했는데 뭐 어때, 가서 별로면 다시 오면 되지. 과감하게 용기를 냈다. 은근히 어른이 하는 배낭여행을 하는 것 같아서 설레기도 했다. 계획에도 없던 일을 과감하게 벌이다니, 엄마가 알면 정말 놀라겠는데? 예전의 나였으면 항

모나코의 거리

상 모험보다는 안전한 편을 선택했고, 그 안전함도 부모님과 함께 선택해서 확인받고 싶어 했으니까.

아빠가 여행할 때마다 했던 말이 생각났다. 아무 계획이 없이 떠난 곳에서 예상하지 못했던 멋진 장소를 만났을 때 여행의 기쁨이 배가 된다고 했다. 그땐 왜 계획도 없이 떠나는지 솔직히 이해하지 못했다.

어릴 때에는 엄마 아빠랑 '번개 여행'을 떠날 때가 많았다. 꼼꼼하고 철저한 성격인 두 분은 여행할 때만큼은 충동적이었다. 집에 가만히 있다가도 갑자기 누군가가 "지금 여기 갈래?" 하고 이야기를 꺼내면, 나머지가 곧장 간단한 짐만 꾸려서 따라나섰다. 이런 식으로 여행을 떠난 게 한두 번이 아니었다. 엄마 아빠랑 누나까지 전부 가니까 나도 졸랑졸랑 따라갔지만, 그땐 수동적이기만 해서 번개 여행이 이런 설렘을 주는지는 몰랐다. 이래서 누나가 번개 여행할 때마다 그렇게 신이 나 있던 거구나? 하하.

내 성격이 워낙 이렇다 보니, 여행 온 초반에는 이렇게 엄마 아빠가 과감하게 다녔던 일들이 전혀 생각나지 않았던 거다. 우리 가족의 '번개 여행'이 진작 생각났으면, 뮌헨이나 로마에서도 조금 덜 힘들어했을 텐데. 하긴 그땐 이런 게 생각났다고 해도 실행하진 못했을 거다. 내 특급 계획서가 내 발목을 잡았을 테니까. 뭐, 오늘 이렇게 해 봤으니까 아쉬워하지 말고, 지금 순간에 최선을 다해야지.

아빠의 말처럼 아무 기대 없이 가서 그런지 모나코는 생각보다 좋았다. 다소 소박했던 앙티브랑 비교해 보니까 여긴 조금 화려한 느낌이었다. 그런 생각을 하게 한 데에는 화려한 '요트'가 한몫했다. 태어나서 이렇게 화려하고 다양한 요트를 본 건 처음이었다.

　요트 같은 건 생소했지만 왠지 풍경이 볼수록 낯이 익어서 가만히 생각해 보니까, 예전에 봤던 F1 그랑프리 경기 중계방송이 생각났다. 맞아, 그때 모나코에서 경기를 했었지. 어쩐지 마냥 낯설지만은 않았다. 그래도 그땐 풍경보다는 자동차 경주에 집중하느라 이렇게 요트

가 많은 동네인지 몰랐다. 여기 안 왔으면 그때 경기를 봤던 모나코가 이런 모습인 줄은 모르고 살 뻔했네. 후후.

걷다 보니까 카지노가 보였다. 오호, 저곳이 카지노구나! 어제 형이랑 누나 들도 모나코에서 카지노에 가 봤다고 자랑했지. 나도 호기심이 생겨서 카지노 앞에서 잠깐 기웃거려 봤지만 당연히 들어가진 못했다. 두바이에서도 그렇고 미성년자여서 불편한 순간이 또 생겼네. 흥! 어른 되면 내가 요트 몰고 여기 와서 게임 한판 한다, 꼭!

아쉬움을 접고 그냥 모나코 왕궁 쪽으로 가서 모나코 전경을 보기로 했다. 절벽처럼 가파른 길을 올라가야 했는데 그 옆으로 펼쳐지는

바다가 정말 아름다워서 힘든 줄 모르고 올라갔다. 그래, 아직은 어리니까 카지노보다는 좋은 풍경을 즐기는 여행을 해야지.

왕궁 앞에서 잠시 쉬다가 내려갈 때에는, 좀 더 과감하게 지도를 가방 속에 넣어 두고 발길 닿는 대로 갔다. 당연히 올라온 곳이랑 다른 길로 갔다. 그렇게 내려가다 보니 아기자기한 가게도 구경할 수 있었고 작은 시장도 구경할 수 있었다. 음료수도 사 먹으면서 슬렁슬렁 길 끝까지 가 보기도 하고, 어디로 통하는지 모르는 터널도 지나가 보면서 아주 천천히 내려갔다. 그렇게 가다 보니 저 멀리 반가운 기차역이 보였다.

동네가 작아서 길을 잘못 들어서도 큰일 날 일은 없었지만, 걷는

모나코 왕궁으로 가는 길

동안 걱정은 잠시 잊었다. '만약에 잘못된 길로 들어서면 가다가 돌아가지, 뭐.' 하는 생각이 들자 마음이 편해졌다. 그동안 지도를 보면서 전전긍긍하며 길을 찾고, 사람들한테 물어물어 찾아간 길이 엉뚱한 곳

터널을 지나면 무엇이 나올까.

일 때마다 속상해하고 화낸 적도 많았는데 오늘은 아니었다. 나 이제 혼자서도 정말 잘하는데? 히히.

이제 여행 마지막 날까지 며칠 안 남았다. 근데 점점 더 여행이 즐거워져서 조금 남은 일정이 자꾸 아쉬워지려고 한다. 파리랑 런던 두 곳을 남겨둔 지금, 나는 처음이랑 얼마나 달라졌을까?

계획을 잔뜩 짜 와서 헤맬 때보다 지금이야말로 나만의 배낭여행을 하고 있다는 느낌이다. 하루에 하나씩 나만의 배낭여행 법칙을 만들기까지 했으니 말이다. 오늘까지 '이지원표 배낭여행의 조건'은 아홉 개를 채웠다. 그럼 마지막 열 번째 조건은……? 그건 여행이 끝날 때쯤 알게 될 것 같은 느낌이다. 그래서 마지막 하나는 여행 마지막 날까지 남겨 두기로 했다. 자, 파리랑 런던에서는 어떤 재미있는 일이 기다리고 있을까? 두근두근 기대된다.

4. 한 걸음 더

파리

2012년 7월 22일_ **파리 도착!**

파리로 떠나는 날, 새벽 세 시에 일어나 준비를 했다. 기차표를
어렵게 구해서인지 알람도 없이 눈이 저절로 떠졌다. 후후. 새
벽에 나와 역으로 가는 길에 나만큼 부지런히 일어나서 모닝 빵을
먹는 비둘기들을 봤다. 헉, 일찍 일어나는 새가 뭘 먹어도 더 먹는
다더니 그 말이 맞네.

　도착해서 역의 문이 열리기까지는 좀 기다려야 했다.
그리고는, 문이 열리자마자 쏙 들어가
서 나는 7월 22일 니스 역의 첫 손님

이 되었다!

완행열차를 타고 가서 기차를 여러 번 갈아타야 했다. 마르세유 역
에서 한 번 갈아타고, 리옹 역에서 파리로 가는 기차를 또 갈아탔다.
마르세유 역까지는 기절한 애처럼 곯아떨어졌다. 리옹 역에서는 여
행 와서 처음으로 4유로짜리 햄버거를 사 먹었다. 그동안 돈 아끼려
고 1유로짜리 햄버거만 사 먹었는데, 오랜만에 속이 꽉 찬 햄버거
를 먹으니 감동이 밀려왔다. 그동안 먹은 게 그냥 햄버거라면, 이건
TOP? 히히.

숙소에 도착했을 때에는 이미 늦은 저녁이었다. 사실 오는 내내 조
금 멀미를 했는데도 막상 저녁 먹을 때가 되니 숙소에서 차려 준 삼
겹살이 입으로 쑥쑥 들어갔다. 하긴 첫날에도 두바이 공항에서 그렇
게 멀미를 한 후였는데 밥이 쑥쑥 들어갔지. 평소에 하도 돌아다니
질 않아서 비행기를 타든 기차를 타든 멀미가 정말 심했는데, 이제
는 점점 멀미도 줄어들었다. 이런 것도 여행에 맞춰 적응이 되나 보

몽마르트르 언덕에서 바라본 풍경

다. 이런 건 엄마가 제일 신기해할 것 같다.

시간은 늦었지만 파리에 온 첫날을 그냥 보낼 수 없어서 숙소에서 만난 누나들과 몽마르트르 언덕으로 야경을 보러 갔다. 야경을 보러 가기에 숙소에서 가장 가까운 곳이기 때문이었다.

몽마르트르 입구까지 오니까 케이블카가 눈에 띄었다. 그 앞에서 내가 기웃거리니까, 누나들은 젊은 놈이 무슨 케이블카냐며 나를 끌고 백만 개나 되는 계단을 올라갔다. 컥, 이 누나들 나보다 체력이 더 좋은데…….

언덕 꼭대기에 있는 사크레쾨르 대성당 앞 계단에는 사람들이 옹기종기 모여 있었다. 길거리 공연을 하는 사람들이 연주하는 음악 덕분에 더 분위기가 살았다. 모두 에펠 탑과 파리 시내가 한눈에 내려다보이는 파리의 야경을 즐기고 있었다. 누나들이랑 나도 숙소에서 가져온 작은 담요를 깔고 잔디밭에 앉아서 야경을 하염없이 바라보았다. 사람들이 왜 파리 야경을 사랑하는지 알 것 같았다.

순간, 예전에 책에서 읽은 파리에 대한 이야기가 떠올랐다. 제2차 세계 대전 당시, 연합군에 쫓겨 퇴각하면서 히틀러는 파리를 폭파하라고 명령했다고 한다. 당시 파

리를 점령하고 있던 독일군 장교는 파리의 아름다움에 매료되어 그 명령을 어겼고, 덕분에 나는 지금 이렇게 아름다운 파리의 야경을 볼 수 있게 된 것이다. 명령을 어긴 독일 장교에게 진심으로 감사한 밤 이었다!

파리는 센 강을 중심으로 관광지가 이어져 있어서 코스를 잡기가 좋았다. 대신 꼭 가 봐야 할 유명한 박물관이랑 미술관이 많아서 날짜 선택을 잘해야 했다. 그런데 그걸 오늘에서야 깨달았다. 가는 날이 장날이라고, 오르세 미술관에 갔더니 휴관일이어서 들어가지도 못한 것이다. 헉, 이건 또 예상하지 못했던 일이었다.

그리고 보니 지금까지 다른 나라에서는 미술관이나 박물관을 갈 때 특별히 휴관일을 알아보지 않고 갔었다. 근데 정말 운이 좋게도 한 번도 휴관일이었던 적이 없었다. 오르세 미술관이 휴관인 것보다 이게 더 놀라운 일인 것 같다. 하하.

파리에는 나흘 정도 머무르기로 했으니까 오늘 못 간 곳은 내일이

오르세 미술관

나 모레 가면 되지만, 그 전에는 한 도시에서 하루나 이틀만 머무른 적도 있었는데 휴관일이랑 겹쳤으면 정말 낭패를 볼 뻔했다. 게다가 지금이야 이렇게 일정이 틀어져도 어느 정도 융통성 있게 대처할 수 있지만(그래도 닫힌 미술관 문 앞에서 약간 당황했다), 만약에 뮌헨에서 그랬다고 생각하면…… 헉, 생각하고 싶지도 않다. 아무튼 파리랑 런던은 가야 할 박물관이 많으니까 휴관일 정도는 미리 알아 가야지.

한동안 한적한 바닷가 마을에서 지내다 왔더니 대도시 시스템에 적응할 시간이 필요한가 보다. 그래, 도시는 이렇게 야박한 곳이었어. 풋!

그럼, 파리의 도시 느낌을 제대로 맛보려면 에펠 탑을 가야지. 노트르담 대성당이랑 퐁네프 다리도 좋지만 오르세 미술관까지 걸어 오면서 살짝 봤으니까 일단 에펠 탑까지 쭉 걸어가 보기로 했다. 어

센 강에서 본 노트르담 대성당

제 늦게 도착해서 주변 지리를 익혀 둘 시간이 없어 야경만 봤더니, 오늘 길을 찾을 때 바로 티가 났다. 그래서 오늘 에펠 탑을 다녀오면서 길도 좀 알아 두기로 한 것이다.

에펠 탑까지는 꽤 걸어서 제법 힘이 들었다. 전망대에 올라가서 파리의 전경을 봐야 하는데, 걸어 올라갈 엄두가 안 났다. 그때, 전망대까지 올라가는 엘리베이터가 보였다. 하지만 동시에 어마어마하게 줄을 서 있는 사람들도 함께 보였다. 기다리는 시간에 차라리 걸어 올라가는 게 나을 것 같았다. 일단 2층에서 크루아상을 하나 먹으면서 충전하고, 난 젊은 놈이니까 꼭대기까지 단번에 걸어 올라갔다!

아, 어딜 가든 높은 곳에 올라와서 전경을 보고 실망한 적이 한번도 없었다. 에펠 탑도 마찬가지였다.

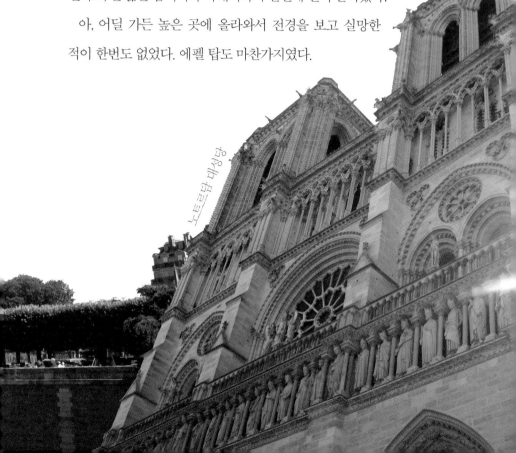

노트르담 대성당

에펠 탑이 세워질 때에는 반대하는 사람도 많았다는데, 이제는 에펠 탑 없는 파리는 상상할 수 없다. 에펠 탑에서 내려다보는 파리도 이렇게 예쁘고, 지상에서 에펠 탑을 올려다보아도 이렇게 멋있으니 말이다. 에펠 탑은 사람이 엄청나게 많았던 것만 빼고 다 좋았다. 내려오는 엘리베이터를 타려고 줄을 선 시간이 꼭대기에서 경치를 감상한 시간보다 더 길었다.

에펠 탑 계단

에펠 탑 내부

에펠 탑에서 내려다보기

에펠 탑에서 내려오니까 체력이 뚝 떨어졌다. 하긴 많이 걷기도 했지. 이럴 땐 어떻게 하자고? 간식을 연료로 삼자고 했지! 히히.

단 게 먹고 싶어져서 샹젤리제 거리에 있는 유명한 마카롱집에 갔다. 마카롱은 처음 먹어 봤는데 쫀득하니 달콤했다. 역시 단 걸 먹으니까 반짝 힘이 났다. 그 힘으로 숙소까지 잘 왔다. 내일 미술관에 가려면 오늘은 푹 쉬어야 할 것 같았다. 으슬으슬한 게 감기에 걸릴 것 같기도 하고⋯⋯. 약 먹고 푹 자야지. 몸 관리를 잘해야 여행도 잘할 수 있으니까.

샹젤리제 거리

2012년 7월 24일 _ **파리에서 세 번째 날**

오늘 하루는 숙소 식구들이랑 함께 다니게 되었다. 이른 아침, 어제 못 간 오르세 미술관을 가려고 준비하고 있었는데, 내가 미술관에 갈지 어떻게 알고, 마침 형이랑 누나가 나를 찾아와 오르세 미술관에 함께 가자고 했다. 나는 당연히 기쁘게 받아들였다.

언젠가부터 숙소에 와서 룸메이트 형들이랑 어울려 노는 게 자연스러워졌다. 그냥 정보만 교환하고 밥만 같이 먹는 게 아니라, 이렇게 종종 하루 일정을 함께했다. 그러면 혼자 돌아다녔을 때랑은 느낌이 많이 달랐다. 나랑은 다른 방식으로 여행하는 형들의 모습에서 배울 점도 많았고, 같이 이야기를 나누면서 작은 일에도 즐거워할 수 있었다.

무엇보다 오늘처럼 길게 줄을 서야 할 때 지루하지 않아서 좋았다. 혼자서 몇 시간씩 줄을 서면 정말 지루했을 텐데……. 유럽은 유명한 관광지에 갈 때마다 사람이 엄청 많아서 어딜 가나 길게 줄을 서야 했다. 표를 살 때도, 입장할 때도 줄 서는 시간이 길어지다 보면 계획이 바뀔 때도 있었다. 그렇게 혼자 오랫동안 줄을 설 때면 기껏해야 휴대 전화를 들여다보거나 지도만 보고 또 봤다. 하지만 다 함께 줄을 서니까 수다도 떨고 사진도 찍고 재미있었다.

147

이러고 있으니까 바티칸 대성당 큐폴라에서 돈이 없는 줄도 모르고 혼자 멍하게 줄을 서 있다가 퇴짜 맞은 일이 생각났다. 그때 혼자 온 걸 정말 서러워하면서 징징거렸는데 지금의 나랑 정말 대조적이다. 풋! 그때 생각에 슬쩍 웃음이 새어 나왔다. 그래, 로마에서는 카메라 배터리까지 방전돼서 혼자 사진도 제대로 못 찍고 그랬잖아. 친구들끼리 온 사람들을 부러워하면서 쳐다보고……. 그때를 생각하니까 왠지 지금은 함께 줄을 서 있는 것만으로도 즐거웠다.

오르세 미술관은 열여덟 살 이하는 입장료가 공짜였다. 다들 배낭여행을 하는 입장이어서 나를 무지 부러워했다. 형들은 나한테 뭘 해도 어릴 때 해야 한다며 루브르 박물관도 공짜일 거라며 배 아픈 시늉까지 했다. 어찌나 웃기던지. 히히.

미술관 내부도 지금까지 다녔던 곳보다 훨씬 넓어서 혼자 거길 헤매고 다녔으면 좋은 줄도 모르고 그냥 갈 뻔했다. 같이 내부 지도를 보면서 어디에서부터 보면 좋을지 의논도 하고, 같이 볼 것과 따로 볼 것을 나누기도 했다. 우리는 각자 자유 시간을 보낸 다음 꼭대기에 있는 카페에서 만나기로 했다. 다 같이 이야기를 하고 나서 미술관을 돌아보니까 머릿속도 정리가 되면서 허둥대지 않을 수 있었다. 그래도 워낙 넓어서 내가 아는 작품 몇 개만 찾아봐도 시간이 꽤 걸렸다.

솔직히 여행하면서 샤갈 미술관이나 피카소 미술관 말고는, 미술

오르세 미술관 내부

관이나 박물관에 가도 아주 유명한 작품만 몇 개 찾아본 다음에는 보는 둥 마는 둥 할 때도 많았다. 중간에 포기하고 나와 버릴 때도 있었고. 미술관이나 박물관은 그냥 혼자 오기 딱 좋은 일정이라고만 생각했는데, 이렇게 함께 오니까 더 좋았다!

나도 자유 시간 동안 찍어 둔 작품들을 살펴보고 나서, 약속한 시간에 맞춰 꼭대기에 있는 카페로 갔다. 거기에서는 밖에서 봤던 시계가 창으로 되어 있는 걸 볼 수 있었다. 그 창문을 통해서 밖을 내려다보고 있으니까 만화 주인공이 된 것 같기도 하고 신기했다. 오르세 미술관은 기차역을 개조해서 만든 건물이어서 내부가 좀 독특하다. 형이랑 누나 들도 궁전을 박물관으로 만든 곳보다 독특해서 좋다고 했다. 혼자 있었으면 단순하게 사진 한두 방만 찍고 지나쳤을 텐데, 같이 얘기하면서 보니까 더 자세하게 보게 됐고 내가 보지 못한 부분들까지 볼 수 있었다.

오랜만에 혼자 점심을 먹지 않았던 것도 좋았다. 아침이랑 저녁은 대부분 숙소에서 다 같이 먹으니까 괜찮았는데 점심은 이동 중에 먹으니까 늘 혼자 허겁지겁 빵으로 때우는 날이 많았다. 아직 혼자 밥 먹는 건 익숙하지 않았는데 함께 밥을 먹으니까 여유로워서 좋았다. 나도 모르게 괜히 수다스러워졌다. 사실 오늘 퐁피두 센터까지 가려고 했는데 형이랑 누나랑 마음도 잘 맞아서 내일로 일정을 미루고, 생미셸 거리로 가서 함께 점심을 먹은 것이다. 나중에 보니까 퐁피두

오르세 미술관 꼭대기

센터는 어차피 휴관이었다. 휴~.

근데 이렇게 하루 종일 들떠 있다가 기어이 밤에 사고를 하나 쳤다. 저녁 먹고 나서 다 함께 몽마르트르로 야경을 보러 갔다. 첫날 내가 몽마르트르에 다녀왔으니까 길을 잘 안다고 앞장을 섰는데 이게 문제였다. 숙소에서 가까웠고 분명히 아는 길이었으니까 금방 간다고 큰소리쳤는데 길을 잘못 들어선 것이다. 사람들이 이 길이 아닌 것 같다고 했는데 나는 고집까지 피웠다. 나중에 잘못 가고 있다는 걸 깨달았을 때에는 좀 멀리 간 후였다.

순간 폼페이에서 똥고집을 부리다가 길을 헤맸던 기억이 났다. 그때도 역무원 아저씨 말을 제대로 안 듣고 나 혼자 경솔하게 판단하다 일을 더 크게 만들었는데……. 그때처럼 더 고집 피우다가 후회하지 말고 일단 형들 말을 듣기로 했다. 당황한 나한테 형들은 다시 지하철을 타고 되돌아가면 되니까 걱정하지 말라고 오히려 날 다독여 주었다.

유빈이 누나는 몽마르트르 언덕에서 친구를 만나기로 되어 있었는데 나 때문에 약속 시간보다 한 시간이나 늦어 버렸다. 다행히 빨리 지하철을 타고 가서 친구를 무사히 만났지만 나 때문에 늦었으니 너무너무 미안했다. 모두에게 진심으로 사과를 했다. 그래도 형들은 웃으면서 이것도 추억이라며 괜찮다고 해 주었다. 정말 이제부터는 의욕만 앞서거나 내 고집이 튀어나오려고 할 때면 멈춰서 한 번 더 생각하고 행동해야지.

그렇게 고생해서 찾아갔지만 다들 아무 일도 없었다는 듯 즐겁게 야경을 구경했다. 그러다 누나들이 에펠 탑이 한 시간에 한 번씩 5분 동안 반짝거린다는 걸 발견했다. 와, 그저께 볼 때는 몰랐던 건데! 다들 예쁘니까 가까이 가서 보자고 해서 에펠 탑 쪽으로 자리를 옮겼다. 우리는 여유 부리면서 걸어오다가 정각 열두 시에 반짝거리는 순서를 놓쳐서 한 시까지 기다리기로 했다.

에펠 탑 야경

기다리는 동안 사진도 찍고, 가장 잘 보이는 위치를 찾아 자리도 잡았다. 그 사이에 누나들은 에펠 탑 모형을 사겠다면서 노점 주인과 열심히 흥정을 했다. 나도 옆에서 누나들이 열띠게 흥정하는 걸 거들었다.

그때, 갑자기 주변이 확 밝아져서 고개를 돌린 순간, 마치 하늘에서 유성이 떨어지듯 에펠 탑이 반짝였다. 파리 시내에 있는 건물들 대부분이 불이 꺼져 있어서 에펠 탑의 불빛이 더 두드러져 보였다! 하늘에 별을 심어 놓은 것처럼 아름다운 모습에 우리는 모두 "와!" 하고 입만 벌리고 있을 뿐이었다. 그리고 정신이 들자마자 잽싸게 사진 촬영을 했다. 남는 건 사진이니까!

우리도 에펠 탑처럼 반짝반짝 빛났다. 여행지에서 처음 만난 사이인데도 아는 동생처럼, 친구처럼 같이 좋은 걸 보면서 기뻐하고, 잘못도 덮어 주고, 서로 챙겨 주었다. 여행이 아니면 어디서 이런 사람들을 만날 수 있었을까? 지금까지는 학교에서 만난 친구들이 내 세상의 전부였는데 이곳에 와서 정말 좋은 사람들을 많이 만났다. 형들이랑 있으니까 또 친구들이 생각나네. 돌아가서 녀석들한테 하고 싶은 얘기가 정말 많다. 보고 싶다, 친구들!

어젯밤에 그 난리를 치고 새벽 두 시가 넘어서 잠이 들었다. 아, 오늘 루브르 박물관이랑 퐁피두 센터에 가야 하는데…… 늦잠을 자 버렸다. 흑. 오늘이 파리에서 보낼 마지막 날이어서 이 두 곳을 꼭 가야 했다.

아침을 먹으면서 루브르 박물관을 가겠다고 하니까 누나들이 거긴 기운을 쪽쪽 뽑아 먹는 곳이라고 겁을 줬다. 오르세 미술관도 다녀왔으니 자신 있다고 큰소리치고 나왔는데, 정말 만만치 않았다. 하하.

시작은 순조로웠다. 루브르 역에 내리자마자 나랑 비슷하게 걷고 있던 사람들을 하나씩 젖히면서 빠르게 걸어갔다. 아무도 알아주지 않는 나 혼자만의 경쟁이랄까. 혼자 다니니까 혼자 노는 법만 잔뜩

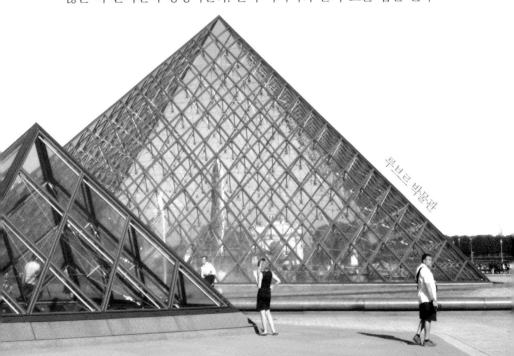

루브르 박물관

익혀 간다. 덕분에 비교적 앞쪽에 줄을 설 수 있었고, 줄도 빨리 줄어들어 금방 입장할 수 있었다.

피라미드처럼 생긴 건물 안으로 들어가 입구로 가는 에스컬레이터를 타고 내려가는 순간, 새로운 세계가 펼쳐졌다. 오늘 내 목표는 루브르 박물관 정복! 학생 할인을 받아 3유로에 빌린 오디오 가이드가 길잡이가 되어 줄 것이다. 오디오 가이드는 언어도 선택할 수 있었는데 한국어도 있었다!

일단 오디오 가이드가 안내하는 대로 유물들을 빠르게 봤다. 하지만 반지층만 보는 데도 두 시간이 넘게 걸렸다. 이렇게 전체를 다 보려면 하루 종일 있어도 모자랄 것 같았다. 일단 루브르 3대 걸작을

루브르 박물관 내부

보려고 위층으로 올라갔다. 〈밀로의 비너스〉, 〈사모트라케의 니케〉 조각상이 먼저 보였다. 역시 3대 걸작답게 그 작품 앞에만 사람이 어마어마하게 많았다. 나는 둘 중에서 승리의 여신인 니케 조각상이 더 마음에 들었다. 더 힘 있어 보여서 그랬을까? 아니, 어쩌면 루브르 박물관 정복 실패를 앞둔 나한테 힘 좀 달라는 의미였을지도 모르지. 흑흑.

나머지 하나는 바로, 〈모나리자〉다! 가장 유명한 작품이라서 그런지 차원이 다르게 많은 사람이 모여 있었다. 사람들 사이를 헤집고

모나리자 앞에서 찰칵!

들어가서 겨우 볼 수 있을 정도였다. 책이나 다큐멘터리에서 봤을 때에는 그림 크기가 아주 클 줄 알았는데 생각보다 좀 작았다. 아니면, 사람들 때문에 좀 멀리서 봐서 그림이 작아 보였을지도……

여기까지 보고 체력이 바닥까지 떨어졌다. 아, 이놈의 저질 체력. 누나들 말이 거짓말이 아니었어! 혼자 잠깐 앉아서 쉬면서 어떻게 해야 할지 고민했다. 그런데 루브르 박물관에서 시간을 더 보내면 퐁피두 센터를 포기해야 할 것 같았다. 거기도 무료입장인데 포기하긴 좀 아까웠다. 그리고 샤갈 미술관이나 피카소 미술관처럼 현대 미술 작품을 전시해 둔 곳이라고 하니까 더 가 보고 싶었다. 고전 미술보다 현대 미술을 봤을 때 더 재미있었으니까.

그래서 조금만 더 둘러보다가 과감하게 루브르 박물관의 나머지

전시실을 생략하고 퐁피두 센터로 향했다. 하지만 퐁피두 센터도 어찌나 넓던지 도저히 체력이 안 돼서 많이 볼 수는 없었다. 평소에 운동 좀 열심히 할걸. 그래서 특이한 외관만 실컷 보고, 전시관은 딱 하나만 봤다. 아, 미술관은 이제 항복! 여기 다 보고 센 강에서 유람선도 타려고 했는데 더 이상은 무리였다. 뭐, 여행은 원래 아쉽게 하는 거라고 하니까, 파리에 다시 와야 할 이유가 또 생겼네!

내 방에 오자마자 나는 그대로 기절했다. 자고 일어

나서 룸메이트 형들이랑 마지막으로 파리의 야경을 보러 나갔다. 혼자 다닐 때는 그렇게 기운이 빠지더니 형들이랑 야경 보러 갈 때는 또 힘이 넘쳤다.

그리고 마지막 야식 타임! 매일 야식을 먹었더니 살이 포동포동 쪄 버렸다. 이탈리아에서는 젤라또 아이스크림 때문에 찌고, 여기서는 형들이랑 매일 야식 먹어서 찌고. 엄마가 날 못 알아보면 어쩌지? 킥킥.

파리에 와서는 숙소 사람들이랑 유독 더 친하게 지내서 기억에 남는다. 여행도 함께 다녀서 더 많은 추억이 생겼다. 형들이랑 탄자니아에 돌아가서도 계속 연락하면서 지내야지. 이러다 런던에서 또 만나면 엄청 반갑겠다. 히히. 내가 여행 초반처럼 아직도 계획에 얽매여 있었으면 형들이랑 함께하지 못했을 텐데, 융통성 있게 다니다 보니까 색다른 추억들이 생긴 것 같다. 내 특급 계획서는 이제 짐 속에 처박혀서 화석이 되어 가고 있다! 하하.

마지막으로 갈 나라는 영국이다. 그곳에서 올림픽이 날 기다리고 있다! 마지막까지 마무리를 잘해야지.

퐁피두 센터

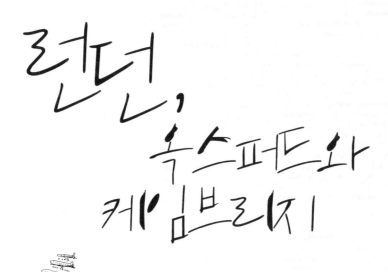

런던, 옥스퍼드와 케임브리지

2012년 7월 26일 _ **런던에서 첫날!**

여행을 출발하기 전에 아빠가 나한테 이것만은 꼭 지키라고 한 것 중의 하나가, 공항이나 역에는 항상 두 시간 일찍 가라는 것이었다. 솔직히 너무 일찍 가서 할 게 없으면 지루할 때도 있었는데, 국경을 넘는 기차를 탈 때에는 아빠 말대로 정말 일찍 가야 했다. 역이 넓고 시스템이 복잡하기 때문이다.

파리 북역도 그랬다. 역에 두 시간도 훨씬 전에 도착했는데, 역 안에서 기차 시간이 다 될 때까지 유로스타 타는 곳을 못 찾고 좀 헤맸다. 여기저기 물어보고 나서야 간신히 기차를 탔다. 한숨 돌리고 나니까 그제야 아빠 말을 듣길 잘했다는 생각이 들었다. 그 전처럼 마구 긴장한 건 아니었는데, 아무래도 국경을 넘어가는 기차를 탈 때에는 좀 긴장되는 게 사실이다.

기차가 출발하고 나서야 긴장이 풀렸는지 바로 기절한 듯 잠이 들었다. 자면서 꿈을 꿨는데, 굉장히 실감 나는 꿈이었다. 꿈에서 나는 잠수함 같은 걸 타고 있었다. 그 안에서 압력 때문에 귀가 먹먹해져서 고통스러워하고 있었다. 먹먹한 귀를 뚫어 보려고 아무리 애를 써도 소용없었다. 안간힘을 쓰다가 가위에 눌릴 것 같아서 눈을 팍 떠 보니, Oops! 내가 입을 쩍 벌리고 침을 한 바가지나 흘리면서 자고 있었다. 입을 그렇게 벌리고 자니까 숨이 막혀서 그런 꿈까지 꾼 거다. 코는 안 골았나 몰라. 진짜 창피해서 옆 사람 얼굴도 못 쳐다봤다. 턱에 흥건하게 묻은 침부터 닦고 정신을 차려 보니 어느새 런던에 도착해 있었다.

런던에 있는 세인트판크라스 역에 내린 나는 차정환 아저씨를 만났다. 아저씨는 엄마의 후배인데 런던에서 한인 민박을 운영하고 있다. 미리 예약해 둔 민박이 있어서 아쉽게도 아저씨네 민박에서 묵을 수 없었지만, 숙소에 갈 때까지 이것저것 도움을 받았다.

일단 아저씨와 함께 점심을 먹었다(얼마 만에 먹는 푸짐한 점심인가). 그러면서 예전에 우리 집 근처에서 우리 가족과 아저씨가 저녁 먹던 날 이야기를 했다. 아저씨는 내가 지금처럼 런던에서 아저씨와 점심을 먹게 될지 누가 알았겠냐며 한바탕 웃었다. 이렇게 자라서 아저씨를 찾아온 게 기쁘다고도 했다.

  내가 생각해도 우리 집에 아저씨가 놀러 왔을 때쯤에 난 굉장히 꼬맹이 같았는데, 지금은 아저씨랑 마주 앉아서 밥도 먹고 여행한 이야기도 하니까 정말 어른이 된 것 같았다. 하지만 아저씨 눈에는 아직 어렸는지, 런던에 있는 동안에는 어려운 점이 있으면 모두 이야기하라며 여러 번 당부도 하고, 마트에 데려가서 필요한 것들을 이것저것 사 주기도 했다. 그리고 내가 좋아하는 누텔라 잼도 선물해 주었다. 와! 진짜 먹고 싶었는데 여행하는 동안 비싸서 못 사먹었던 잼! 잼 하나에 이렇게 표정이 밝아지는 걸 보면 나 아직 애가 맞긴 하나 보다. 하하하.

반가운 한국 라면과 과자들

런던에 도착해서 아저씨를 만나니까 마음이 편안해졌다. 탄자니아에 처음 갔을 때에도 낯선 환경에 겁부터 났는데 아빠가 정말 든든한 버팀목이 되어 주었다. 지금은 그때만큼 겁먹은 이지원은 아니었지만, 힘든 여행 끝에 아저씨를 만나니까 정말 든든했다.

이런 날에는 사람들과의 관계가 더 소중하게 느껴진다. 새롭게 만난 인연도, 기존에 알던 인연도, 가족도, 친구도 모두 소중하다. 세상은 혼자 사는 게 아니라는 걸 여행을 통해 조금씩 배운다. 그리고 예전처럼 주변 사람들에게 의지만 하는 것이 아니라, 내가 그들에게 힘을 줄 수 있는 사람이 되고 싶다고 생각하게 된다.

그러려면 스스로 나를 강하게 만들 수 있는 무언가를 찾아야 했다. 여행에 와서 그 재료들을 얻어 가는 것 같다. 자신감을 얻었고, 가족의 사랑을 새삼 깨닫고 있으니까. 남은 일주일 동안 런던에서 잘 지내면서 그동안 내가 발견한 내 안의 힘을 잘 되새겨 보아야겠다.

2012년 7월 27일 _ 런던에서 두 번째 날

오늘은 기다리고 기다리던 런던 올림픽 개막식이다! 어제 숙소에 도착하자마자 미리 예약해 둔 축구 관람 표를 받아 두었다. 표만 받았을 뿐인데도 두근두근 설렌다. 처음이자 마지막일지도 모른다고 생각하니까 더 떨린다. 볼을 몇 번이나 꼬집었는지 아직도 얼얼하네. 자리도 골대 바로 뒤! 최상의 자리다. 후후.

저녁부터 개막식 행사가 곳곳에서 펼쳐진다고 해서 룸메이트 형들이랑 올림픽 개막식 기념 야경을 보러 가기로 약속했다. 장소는 타워 브리지였다.

런던 올림픽 관람 표

그렇다고 런던에 와서 올림픽에만 매달릴 수는 없으니까 올림픽 경기를 보는 시간 외에는 시간 활용을 잘해서 런던 중심지를 둘러볼 거다. 올림픽도 보고, 런던 여행도 야무지게 해서 두 마리 토끼를 다 잡아야지!

이젠 하루하루 일정을 점검할 때 정말 강약 조절을 잘했다. 의욕만 너무 앞서서 무리하면 다음 날 탈이 난다는 걸 몇 번 경험하고 알았다. 젊으니까 다 할 수 있을 거라고 무작정 밀고 나가던 시기도 있었는데, 긴 여행 앞에 장사는 없었다. 하하. 여행뿐만 아니라 살아가다 보면 반드시 강약 조절이 필요하니까 이번 기회에 그걸 확실히 배워가는 것이다.

우선 아침에는 버킹엄 궁전에 가서 근위병 교대식을 봤다. 실제로 왕비가 살고 있는 궁전이어서 근위병 교대식이 격식을 갖추어 진행

버킹엄 궁전

버킹엄 궁전 근위병 교대식

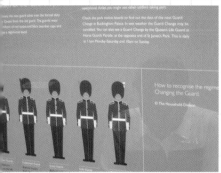

세인트제임스 공원

되니까 사람들이 많이 구경하러 온다. 일찍부터 북적거리는 사람들 사이를 이리저리 비집고 들어가 간신히 자리를 잡고 봤다. 런던의 상징인 만큼 절도 있고 멋있었다. 매일 저걸 하려면 정말 고역이겠다는 생각이 들 정도로 행동 하나하나가 엄격했다.

교대식이 끝난 다음에는 지도를 보면서 천천히 움직였다. 빅벤 같은 경우에는 런던 중심지를 돌아다니면 지나갈 때마다 볼 수 있으니까 일부러 찾아갈 필요는 없었고, 세인트제임스 공원처럼 도심 속에 있는 큰 공원에서는 산책하며 충분히 쉴 수 있었다. 박물관이나 미술관은 파리에서 질리도록 봐서 생략하고 싶었지만 내셔널 갤러리만큼은 생략할 수가 없었다. 고흐의 해바라기 그림 같은 작품을 실제로 볼 수 있는 기회가 흔하지 않으니까. 하지만 루브르 증후군이라고…… 미술관 입구에서부터 힘이 빠지는 건 어쩔 수 없었다. 어쩜 하나같이 그렇게 넓던 지……. 그래도 힘들다고 일정에서 빼 버렸으면 많이 후회했을 거다. 보고 나오니까 뿌듯하기도 했다.

저녁에는 약속한 대로 형들이랑 개막식 야경을 보러 타워 브리지로 갔다. 이걸 보려고 낮에 잠깐 숙소에 들어가서 낮잠까지 잤다. 내셔널 갤러리 때문에 잔뜩 지쳐 있었으니 쉬어 주어야 했다. 그래야 저녁에 더 재미있게 놀 수 있으니까.

타워 브리지에는 올림픽 오륜기가 커다랗게 장식되어 있었다. 타

워 브리지 자체가 화려하고 웅장한 다리인데, 거기에 올림픽 장식까지 되어 있으니 더 멋있었다. 런던 올림픽을 상징하기에 제격이었다. 아, 내가 정말 올림픽을 보러 온 게 맞구나! 이제 실감 난다, 실감 나. 히히. 진짜 감동이었다. 역사의 현장에 이지원이 왔다! 야호!

깜짝 이벤트도 있었다. 개막식 기념 불꽃놀이였다. 갑자기 다리를 통제해서 처음엔 무슨 일인지 몰라 경찰에게 물어보니 잠시 후 불꽃놀이를 한다며 우리에게 명당까지 알려 주었다. 얼른 다리 밑으로 내려가 자리를 잡다가 사람들 환성이 들려 깜짝 놀라 고개를 돌렸더니, 다리가 올라가면서 불꽃이 터져 나왔다. 나도 모르게 "대박!" 하고 소리를 질렀다. 얼른 동영상을 찍으려고 카메라를 꺼냈지만, 실수로 녹화 버튼을 안 눌렀다. 이런 바보! 이런 화려한 불꽃놀이는 새해가 아니면 볼 수 없다던데……. 그래도 오륜기를 단 타워 브리지랑 불꽃놀이를 내 눈으로 봤으니 이것만으로도 행운이다. 정말 잊을 수 없는 순간이 될 것 같다.

개막식 때 우리나라 선수들이 입장하는 건 텔레비전으로 봤다. 외국에서 우리나라 선수들이 입장하는 걸 보니 뭉클했다. 외국에 나가면 다들 애국자가 된다더니 내가 그랬다. 내일부터 우리나라 경기를 꼼꼼하게 체크해 두었다 봐야지. 아, 떨린다!

오륜기가 장식된 타워 브리지

외국에 나오면 한국에 관련된 건 아주 작은 것이라도 반갑다. 한국 사람을 만나면 당연히 가장 반갑고, 물건이나 음식, 심지어 한국 기업 로고만 봐도 두근거린다. 바로 오늘이 한국 종합 선물 세트를 만난 날이었다. 이렇게 하루에 몰아서 보기도 힘든데 정말 신기했다.

첫 번째로, 한복! 이걸 영국에서 보는 건 정말 드문 일이다. 아니, 솔직히 한국에서도 명절 때 빼고는 한복을 입고 지나가는 사람을 발견하기가 어려운데, 얼마나 놀랐는지 모른다.

노팅힐 시장

한복을 본 곳은 노팅힐이었다. 토요일마다 노팅힐에서 시장이 열린다고 해서 때를 맞춰 간 것이다. 사실 영화 〈노팅힐〉 때문에 간 것도 있다. 좀 옛날 영화지만 재미있게 봐서 런던에 가면 촬영 장소에 꼭 가려고 생각해 뒀었다.

영화 〈노팅힐〉 촬영 장소

시장을 구경하면서 어디 줄리아 로버츠 같은 여자는 없나 하고 두리번거리다가, 두둥! 우리나라 선비 옷을 입고 코스튬 플레이를 하는 사람들을 봤다. 와우! 솔직히 한국에서도 선비 옷을 입고 다니는 사람은 보기 힘들잖아!

한 번만 본 게 아니고 영국박물관에서 한복을 입은 여학생들을 또 봤다. 신기하기도 하고 반갑기도 했다. 나도 나중에 그 학생들처럼 '한국 문화 알리기' 테마 여행을 할 때 한복을 준비해 오면 더 효과적이겠다는 생각도 했다. 런던 한가운데서 한복을 입고 서 있으니까 정말 눈에 띄었다.

두 번째는, 한식! 이건 내가 여행 내내 주로 한인 민박에서 지냈기 때문에 매일 먹을 수 있었지만 밖에서 한식당을 본 건 처음이었다.

요즘에는 어딜 가나 한식당 없는 데가 없다던데 난 지금까지 한 번도 못 봤다.

영국박물관 가는 길목에 특히 한국에 관련된 상점이 많았다. 한국 슈퍼마켓, 한국 스포츠 아트라는 전시장, 비빔밥 카페까지……. 여기가 런던인지 한국인지 헷갈릴 지경이었다. 한류 때문에 외국 사람들도 한국 문화를 자주 접하고 많이 좋아하게 된 것 같았다. 우리나라 음식이랑 상품들이 외국에서도 인기가 많은 걸 보니 괜히 어깨에 으쓱해졌다.

당연히 비빔밥 카페는 그냥 지나칠 수 없었다. 고민할 것도 없었다. 좀 비쌌지만 냉큼 불고기 덮밥을 사 먹었다. 완전 감동! 먹으면서 엄마가 해 준 불고기도 생각났다. 아, 엄마가 해 주는 밥 먹고 싶다! 한

영국박물관

식을 입에 넣으니까 집밥까지 생각나네. 사람의 욕심이란 끝도 없다. 하하.

세 번째는 우리 문화재였다. 영국박물관의 한국 전시관에서 본 김홍도의 〈풍속도첩〉. 다른 나라 문화재들 사이에서 한국 전시관은 당연히 가장 눈에 띄었고(내가 한국 사람이라는 증거!), 반가우면서도 기분이 묘했다. 그러고 보니 한국에 있을 때 국립중앙박물관에 몇 번 갔었지? 어째 영국에서 우리나라 문화재를 더 많이 본 것 같아 부끄럽기도 했다.

마지막으로, 우리나라의 보물! 박태환 선수였다. 실제로 본 건 아니고(실제로 봤으면 완전 대박이지! 히히), 박태환 선수 경기를 텔레비전으로 봤다. 난 축구 경기만 예매했으니까 다른 경기는 형들이랑 식당 같은 곳에서 텔레비전으로 챙겨 봤다. 식당에서도 올림픽 분위기는 제대로 났다. 우리나라에서 월드컵을 했을 때처럼 어딜 가든 올림픽 열기가 뜨거웠다.

박태환 선수는 2등을 했다. 아, 아깝다. 그래도 잘했다. 외국에서 우리나라 선수가, 그것도 수영에서 2등을 하는 모습을 보니 정말 자랑스러웠다!

아, 한국에 관련된 걸 하나 더 만났구나. 수영 경기를 보고 저녁때가 다 되어 빅벤 방향으로 돌아서 숙소로 가고 있었는데, 내 뒤에서 반가운 목소리가 들렸다.

"앗, 막내다!"

빅벤 야경

뒤를 돌아보니, 피렌체 민박에서 같은 방을 썼던 부산 남매였다. 구수한 부산 사투리로 나를 막내라고 불러 준 형이랑 누나였는데, 정말 반가웠다. 해외에서는 한국 사람을 만났다는 것만으로도 벅차고 든든할 때가 있다. 더욱이 함께 지냈던 사람들을 만났으니 얼마나 반가웠는지 모른다. 잠깐이었지만 그동안 어디에서 어떻게 지냈는지도 이야기하면서 안부를 물었다. 형이랑 누나가 내일 떠나는 날만 아니었어도 런던에서 함께 다녔을 거다.

오늘은 내가 한국 사람이라서 정말 자랑스럽다고 느낀 하루였다. 뮌헨이나 로마에서는 우리나라보다 더 나은 점이 보이면 부럽기만 하고, 우리나라는 왜 저런 게 없나 하는 생각도 했지만, 이제 보니 우리나라만의 특별한 문화가 외국에서도 사랑받고 있었다.

여기서는 올림픽 기간이어서 그런지 더 우리나라에 대한 애정이 솟아났다. 한국에서 친구들도 올림픽 경기를 보고 있을 거다. 엄마랑 누나도 보고 있겠지. 탄자니아에 있는 아빠도 당연히 보고 있을 거고. 우리 모두 떨어져 있지만 올림픽 덕분에 '한국'이라는 단어로 끈끈하게 연결되어 있는 느낌이다. 내 안에 있던 한국의 정이 훈훈하게 살아나는 날이었다.

2012년 7월 29일 _ 비 오는 날 케임브리지

오늘은 날씨가 도와주질 않아서 제대로 구경하지 못한 날이다. 아침에 옥스퍼드에 가려고 길을 나섰다가 버스가 운행을 안 해서 못 가고, 대신 케임브리지로 갔다. 일정을 변경해서 간 것까지는 좋았는데, 날씨 체크를 제대로 하지 못한 게 좀 아쉬웠다.

케임브리지에 도착해서 시장 구경을 하면서 수제 햄버거도 먹고 에너지를 충전한 것까진 좋았다. 그런데 갑자기 먹구름이 끼기 시작했다. 설마 비가 오려는 건 아니겠지? 하고 생각했지만 내 슬픈 예감은 틀리지 않았다. 빗방울이 떨어지기 시작해서 얼른 문구점으로 들어가 엄청 저렴해 보이는 새빨간 우산을 하나 샀다. 정말 허술했는데 무려 4.99파운드나 했다! 이건 완전 사기야!

'뭐, 우산도 샀겠다, 비 온다고 여행 못 하나?'

이런 생각 끝에 오기도 부려 봤는데, 비보다 무서운 추위 공격에 항복해 버렸다. 얇은 긴팔 옷 한 벌만 입고 왔더니 시간이 지나자 손이 덜덜 떨릴 정도로 추웠다. 그래도 이를 악물고 대학교가 있는 코스로 돌아서 정류장까지 가려고 했으나, 내가 정류장과는 반대 방향으로 가고 있다는 사실을 깨닫고는 모든 의욕을 잃었다. 결국 가장 가까운 버스 정류장을 찾아가 버스를 탔다.

사실 춥지만 않았으면 그냥 우산 쓰고 돌아다녔을 텐데……. 하긴 그러다 감기에 걸리면 그게 더 큰일이다. 날씨를 확인하고 옷을 더 챙겨 갔으면 괜찮았을 거다. 우산도 비상으로 가방에 넣어 놨으면 좋았잖아. 내일 옥스퍼드에 가면 되니까 너무 아쉬워하지는 말자.

비 오는 날 버스 안에서 창밖 풍경을 보니까 나름 분위기가 있었다. 살짝 뿌옇게 된 창문으로 보는 런던도 운치 있었다. 그러고 보니, 하루 종일 비가 와서 못 돌아다닌 건 오늘이 처음이었다. 한 달 동안 여행을 했는데, 이런 날이 처음이라니 이것도 큰 행운이다. 거의 대부분 맑고 깨끗한 날씨여서 그게 당연한 줄 알았나 보다. 하하. 그래도 오늘 이렇게 비가 오니까 지금까지의 날씨에 감사하게 되었잖아.

이때까진 날씨가 괜찮았다.

이렇게 긍정적인 생각들을 하면서 와서 그런지 그래도 기분이 나쁘진 않았다. 내가 원래 이렇게까지 긍정적인 아이였나. 투덜이 시절도 있던 것 같은데, 그럴 때마다 사춘기여서 그러냐

그런데 갑자기 비가!

179

며 엄마한테 혼도 많이 났다. 힘들고 뭔가에 쫓기는 기분이 들면 긍정적인 생각으로 바꾸기까지 시간도 오래 걸리고 누구한테 자꾸만 의지하고 싶어졌으니까. 근데 혼자 여행을 하다 보니까 그런 시간들이 길어지면 길어질수록 나만 더 힘들어졌다. 그래서 혼자서 마음을 추스르고 긍정적인 생각들로 전환하는 시간도 점점 짧아졌다. 그러면서 내가 조금씩 더 단단해지는 기분이 들었다. 긍정은 긍정을 부른다는 걸 여행을 통해 배웠으니까 앞으로 그렇게 실천하면서 살아야지. 넘어진 김에 쉬었다 가라는 말처럼 오늘은 뒹굴뒹굴 쉬는 날이다!

케임브리지

어제 추위에 호되게 당하고, 대비책으로 런던 올림픽 공식 후드 티셔츠를 샀다! 절대~ 충동구매가 아니라 날씨가 추운데 입을 옷이 없어서 산 거다! 히히. 사실 예전부터 갖고 싶었는데 못 사고 있다가, 아침에 유도 예선 경기를 보고 올림픽 분위기를 타서 추위도 피할 겸 하나 장만했다. 올림픽 개최국에 왔는데, 올림픽 기념 티셔츠 정도는 입어 줘야 맛이지!

오늘은 다행히 날씨가 맑아서 옥스퍼드를 충분히 돌아볼 수 있었다. 옥스퍼드 분위기도 아주 활기차 보였다. 옥스퍼드 비둘기들도 엄청 활기찬 건 좀 싫었지만⋯⋯. 옥스퍼드에 오면 해리포터 촬영 장소

옥스퍼드 가는 길

를 볼 수 있다고 해서 온 건데 올빼미는 없고 비둘기만 잔뜩 있었다. 아이고, 머리야!

그러고 보니 오늘 해리포터를 촬영한 크라이스트 처치는 들어가질 않았구나. 입장료가 당연히 있을 테니 한 5파운드 정도 하겠지, 하고 갔는데 훨씬 더 비쌌다. 해리포터를 좋아하긴 하지만 과한 요금을 내면서까지 보고 싶지는 않았다. 아직 책을 끝까지 다 본 것도 아니니까 완결까지 다 읽고 난 후에 와도 되겠지? 어쨌든 밖에서 본 것만으로도 충분했다.

옥스퍼드에 와서 학교들을 구경하고 있다 보니, 문득 학기 초의 내

활기찬 옥스퍼드 거리

모습이 떠올랐다. 당시 내 모습에 비하면 해리포터가 호그와트에 와서 어리둥절했던 건 정말 양반이다. 난 정말 마법을 모르고 마법 학교에 입학한 아이처럼 학교의 모든 것을 낯설어했다. 영어 문화권에서 자란 아이가 아니니까 문화도 언어도 잘 이해하지 못했다. 에세이 하나를 써도 남들보다 몇 배나 시간이 더 걸려야 했으니 오죽 답답했을까. 게다가 누나처럼 머리가 좋은 것도 아니어서 죽도록 노력해야지 겨우 따라갈 수 있었다.

학교를 구경하다 만난 학생

아마 여행을 시작할 때쯤 난 많이 지쳐 있었던 것 같다. 한 학기를 정말 정신없이 보냈으니까. 그 와중에 미처 정신이 들기도 전에 엄마 아빠가 날 유럽으로 보낸 거다. 이제 생각해 보면 여행하면서 정신 차리라고 보낸 거였어. 하하하. 그렇다면 엄마 아빠의 의도는 성공이다. 방학 내내 공부만 했다면 깨닫지 못하고 지나갈 뻔했던 것들을 여기 와서 많이 알게 됐으니까. 그러면서 나도 몰랐던 내 모습도 찾았으니까.

여행 마지막 장소여서 여유가 생겨서 그런가? 정말 영국에서 살고 싶다는 생각까지 들었다. 여행지 중에서 여기보다 경치가 더 좋은 곳도 많았지만 살 곳을 하나 고른다면 영국이 좋을 것 같다. 그냥 여기가 내 스타일인가 봐. 도심에 큰 공원이 있는 것도 마음에 들고 깔끔한 분위기도 마음에 든다. 나중에 정말 영국에서 살게 되면 오늘을 떠올리면서 신기해하겠지? 후후. 생각만 해도 좋다. 이루어질지는 모르겠지만 그래도 꿈을 갖는 건 좋은 거니까. 언젠가 꼭 그런 날이 오기를 기대해 본다.

해리포터 저녁 식사 장면이 촬영된 곳

2012년 7월 31일 _ 런던에서 공연 보기

런던에 온 이후로는 하루가 올림픽으로 시작해서 올림픽으로 끝난다. 일단, 우리나라 경기는 무조건 챙겨 봤다. 오늘 아침에도 역시 올림픽 경기와 함께했다. 김재범 선수 유도 경기였다. 대~한민국! 짝짝짝 짝짝! 응원도 열심히 했다.

그리고 올림픽에 가려져 잊고 있었는데, 못지않게 중요한 게 하나 있었다. 바로 현지에서 하는 공연 보기! 누군가 한국에서는 볼 수 없는 현지 공연을 하나쯤 보는 것도 여행의 일부라고 블로그에 쓴

런던 옥스퍼드 광장

글을 보고선, 나한테도 새로운 경험이 될 수 있을 것 같아서 메모해 두었다. 게다가 영국에 가면 내가 어릴 때 굉장히 좋아했던 〈라이온 킹〉을 코벤트 가든에서 뮤지컬로 볼 수 있다는 말에 미리 찜해 둔 것이다.

현지 공연을 꼭 보자는 생각에 동의한 사람은 종호 형이었다. 그래서 낮에 형이랑 함께 뮤지컬 표를 사러 코벤트 가든으로 갔다.

뮤지컬 표값은 딱 내 전 재산인 35파운드였다. 물론 학생 할인을 받아서 엄청 좋은 자리(65파운드짜리)를 싸게 살 수 있는 기회였지만, 이걸 사 버리면 내가 정한 총 여행 경비 예산을 초과해 버리는 상황이

우리나라 기업 광고 전광판

었다! 엄청 고민하고 망설였다. 그래도 〈라이온 킹〉 뮤지컬 오리지널 팀은 오직 영국에서만 공연한다고 해서 큰맘 먹고 표를 끊었다.

공연 시작 시간은 저녁 일곱 시 반이어서 형과는 일곱 시까지 코벤트 가든 역에서 만나기로 하고 헤어졌다. 뮤지컬 시간이 되기 전까지 나는 리젠트 파크랑 옥스퍼드 광장을 슬쩍 구경했다. 옥스퍼드 광장 전광판에 삼성이랑 엘지, 현대 광고가 나오는데 어찌나 뿌듯하던지! 그리고 하루 종일 뮤지컬이

어떨지 상상하면서 천천히 런던 거리 곳곳을 누비고 다녔다.

뮤지컬은 기대 이상으로 좋았다! 내가 예약한 좌석은 생각보다 훨씬 더 좋은 자리여서 무대 장치가 정말 잘 보였다. 나는 공연 내내 한 장면도 놓치지 않으려고 엄청 몰입했다. 배우들은 애니메이션에 나오는 캐릭터들을 완벽하게 연기했다. 특히 앵무새 자주랑 미어캣 티몬은 목소리까지 똑같았다.

1부에서 아빠가 심바한테 자신이 죽어도 너의 마음속에 남아 있을 거라며 노래를 부르는 장면에서는 정말 소름이 돋았다. 배우들도 노래를 엄청나게 잘 불렀다. 그리고 2부에서 아빠가 불렀던 그 노래를 어른이 된 심바가 다시 부르는 장면에는 나도 모르게 울컥했다.

내 첫 뮤지컬은 대만족이었다. 애니메이션하고는 또 다른 감동이었다. 원작 못지않은 스케일로 꾸민 무대는 정말 놀라웠다. 라이브로 한 치의 오차도 없이 연기하고 연출한 사람들에게 아낌없이 박수를 보냈다.

곳곳에 뮤지컬 공연장이 있다.

표값 때문에 망설였던 순간을 생각하니 아찔했다. 형도 감동했는지 함께 보길 잘했다고 좋아했다. 만약에 이 공연을 안 봤다면 나는 평생 후회했을 거다. 공연이 끝나고 타워 브리지로 가서 야경을 보면서도 흥분이 가라앉지 않았다. 아, 진짜 뮤지컬 대박!

앞으로도 다양한 문화에 더 관심도 갖고, 새로운 경험들을 쌓아 가야겠다는 생각도 했다. 나도 보통 남자애들처럼 여자애들에 비해서 문화보다는 스포츠에 더 관심이 많은 편이었는데, 공연이나 전시 같은 문화 활동도 적극적으로 해야겠다. 도전하는 걸 두려워하지 말고 무엇이든 경험해 보고 느껴 보면 새로운 생각들도 솟아날 테니까. 여행도 처음에만 두려웠지 지금은 너무 잘했다고 생각하고 있는 것처럼 말이다. 후후.

〈라이온 킹〉 공연이 시작되기 전

2012년 8월 1일 _ 런던 올림픽!

드디어! 대한민국과 가봉의 축구 경기가 열리는 날이다! 내 인생 첫 번째 올림픽 관람의 시간이 다가오고 있다!

엄마! 올림픽을 보고 오라고 해 줘서 정말 고마워요!

점심에는 짬을 내서 정환 아저씨랑 점심을 먹고, 서둘러 내 마지막 여행지인 웸블리 스타디움으로 향했다. 웸블리 스타디움에는 이미 엄청난 인파가 몰려 있었다. 솔직히 유럽 경기가 아니어서 사람이 이렇게 많을 거라고는 생각 안 했는데 많은 사람이 모여들었다.

경기장 앞에서는 대한민국 응원이 펼쳐지고 있었다. 정말 한국인의 긍지가 팍팍 솟아나게 해 주는 응원인 것 같다. 나도 덩달아 신이 나서 마구 노래를 부르며 행렬에 끼었다. 박수 치고, 빙빙 돌고 난리도 아니었다.

드디어 입장! 정말로 심장이 튀어나오는 줄 알았다. 내 자리는 경기가 아주 잘 보이는 자리였다! 경기장에 우리 선수들과 홍명보 감독도 보였다. 손을 이마에 대고 꼭 이기라는 텔레파시를 보냈다!

경기가 시작됐다! 나는 목이 터져라 응원했다. 근데 관객 중에 왠지 가봉을 응원하는 사람들이 더 많은 것 같았다. 그래서 난 내 주위에 있는 사람들을 다 우리나라 편으로 만들어서 같이 응원을 했다. 카메라에 잡혀서 텔레비전에 나올지도 모른다는 꿈도 잠깐 꿨지만 그러진 않았고, 아무튼 혼신의 힘을 다해서 응원하고 또 응원했다. 목이 잔뜩 쉬어서 지금도 목소리가 안 나온다. 컥컥.

내가 이렇게 열심히 응원했는데도 아쉽게 우리나라 선수들은 가봉의 골문을 열지 못했다. 흑흑. 0 대 0으로 동점이었지만 8강에 진출했으니까 괜찮다!

끝날 때가 되니까 사람들이 파도처럼 몰려 나갔다. 경찰이 2분 정도 간격으로 백 명씩 나갈 수 있게 통제했다. 우리도 미리미리 움직여 빨리 나올 수 있었지만 웸블리 스타디움 앞 도로에는 벌써 사람들이 빡빡하게 서 있었다.

올림픽 경기까지 다 보고 나니까 정말 여행의 마지막인 게 실감 난다. 어제 본 뮤지컬이나 오늘 본 올림픽 경기는 평소엔 꿈꾸지 못했

웸블리 스타디움

던 일들이어서 더 소중한 경
험이었다. 다 끝나고 나니
약간 서운하고 허전한
기분이 들었다.

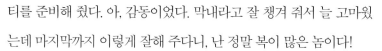

　이런 내 기분을 알았는
지, 형들이 야식을 먹은 뒤에 설
거지를 나한테 몰아주고는 몰래 이별 파
티를 준비해 줬다. 아, 감동이었다. 막내라고 잘 챙겨 줘서 늘 고마웠
는데 마지막까지 이렇게 잘해 주다니, 난 정말 복이 많은 놈이다!

　마지막으로 다 함께 프림로즈 언덕에 가서 야경을 봤다. 첫날 뮌헨
에서 역 앞 갈림길에 서서 어디로 가야 할지 몰라 우왕좌왕하던 내
가 떠올랐다. 아니지, 내 첫 갈림길은 여름 방학이 시작되고 엄마한
테 유럽 여행 제안을 받았을 때지. 그때 내가 끝까지 안 간다고 했으
면 지금 난 어떻게 됐을까? 영어 공부만 죽도록 했겠지? 영어는 남
았겠지만 멋진 추억은 없었겠지.

　밤늦도록 같은 방을 쓴 남자 셋의 수다는 끝나지 않았다. 이 일기
를 쓰고 있는 시간도 새벽 다섯 시 반! 아쉽고, 또 아쉽다. 끝나지 않
을 것 같은 여행이었는데…… 모든 게 꿈만 같다.

잠을 거의 못 잤다. 바로 짐을 정리하고 정환 아저씨네 민박으로 가야 했기 때문이다. 그리고 마지막 날이니까 못 한 걸 해 보려고 런던아이로 갔다.

드디어 이걸 타는구나 하고 요금을 확인했는데, Lucky! 만으로 열다섯 살까지는 어린이 요금을 내는데 나는 아직 생일이 안 지나서 어린이에 속했다. 아싸! 그런데 이게 웬 날벼락! 내가 열다섯 살 이하 어린이(?)여서 보호자 동행 없이는 못 탄다는 것이다! 악, 웃었다 울었다 마지막 날까지 난리다!

마지막으로 아쉬운 마음을 안고 세인트폴 대성당에 들렀다. 수능을 보는 우리 누나, 대박 나게 해 달라는 기도를 하기 위해서였다. 대성당이니까 왠지 기도발이 가장 잘 받을 것 같았다. 누나, 내가 런던까지 와서 기도했으니까 결과는 확실할 거야. 파이팅! 물론 우리 가족 전부 잘되게 해 달라는 말도 잊지 않았다.

아저씨네 숙소로 돌아왔더니, 아직 시간이 조금 남아서 비틀즈 앨범 사진으로 유명한 애비 로드에 갔다. 숙소에서 걸어서 15분 정도 걸리는 가까운 곳이었다.

애비 로드 스튜디오에 가니까 낙서할 수 있는 벽이 마련되어 있었다. 나도 펜을 빌려서 짧게 한 줄 썼다. 마지막 날이니까 한마디 남기고 싶었다. '2012년 8월 2일 이지원 왔다감. 우리 가족 대박!'이라고 썼다. 그리고 스튜디오 철창 앞에는 니스에서 산 대왕 자물쇠를 걸었다. 자물쇠에 '이지원 ♥ 누군가'라고 썼다. 아, 솔로인 걸 너무 티 냈다! 가슴이 찢어져서 뒤돌았다가, 너무 창피해서 다시 돌아가 뒤집어 걸고 왔다. 으하하.

마지막 날까지 나를 챙겨 준 정환 아저씨한테 감사의 인사를 하고 나서, 히드로 공항으로 갔다. 두바이까지 가는 비행기 안에서는 애니메이션 〈라이온 킹〉을 다시 봤다. 뮤지컬의 감동이 되살아나는 것 같았다. 자주와 티몬을 연기한 배우들이 또 생각났다. 그저께 일인데 벌써 추억이 되다니……. 아쉬웠다.

지금까지 적은 이 일기도 천천히 보면서 그동안의 일을 떠올렸다. 아플 때도 있었고, 길을 헤매기도 하고, 외로울 때도 있었다. 여행 초반에는 거의 힘들어하거나 짜증을 내고 있었다. 하지만 뜻밖의 행운을 만나기도 했고, 좋은 사람들도 많이 만났다. 예상하지 못한 곳에서 감동을 받기도 했다. 한 장 한 장 내가 한 달 동안 겪은 많은 일들이 담겨 있었다.

계획한 것들을 다 이루지는 못했지만 그래도 이만큼 해낸 내가 기특했다. 아니, 다 이루지 못했기 때문에 다시 한 번 도전하고 싶은 마음이 또 솟아올랐다. 한복을 입고 우리나라 문화를 알리는 여행도 계획해서 꼭 올 거다. 기타 치며 여행비를 벌면서 여행하는 것도 해 보

애비 로드

고 싶다. 그리고 얼른 커서 여자 친구랑 또 와야지. 하하하. 가슴속에
새로운 꿈을 잔뜩 만들고 돌아가는 것 같다.

그리고 보니, 나만의 배낭여행 열 번째 조건이 뭔지 이제 알겠다.
바로 이 일기장이다! 한 달 동안 내 추억과 꿈을 하나
하나 기록한 이 일기장. 내 보물! 이게 있어서 혼자
하는 여행이 덜 외로웠다.

이제 곧 두바이 공항에 내리면, 한 달 전 두바이
공항에서 멀미에 허덕이던 '이지원'과는 다른 내
가 서 있을 것이다. 공항에 아빠가 마중을 나오기로
되어 있다. 아빠는 나를 보면 어
떤 표정을 지을까? 까맣게 타고
살쪘다고 놀리려나? 히히. 한 달
동안 훌쩍 큰 나를 보면 정말 놀
라겠지? 어깨를 쫙 펴고 아빠 앞
에 설 생각을 하니까 떠나는 날
보다 더 두근거렸다.

epilogue

사춘기를 뛰어넘게 한
나만의 배낭여행

처음 여행을 계획할 때, 엄마 아빠는 이 여행이 내 인생에 있어
서 엄청 크고 값진 경험이 될 것이라고 말했다. 하지만 솔직
히 그때는 잘 와 닿지 않았다. 돌이켜 보면 이 여행은 내가 아주 조금
은 어른스러워질 수 있게 해 주었다. 그리고 부모님에게 의지하고 살
아왔던 그간의 나에서 벗어나 온전히 '나'에 대해 생각하게 된 계기
도 되었다. 이때 그냥 사춘기를 껑충 뛰어넘은 것 같다고 주변 어른
들이 나한테 이야기할 정도였다.

혼자 계획을 하고 아무 탈 없이 무사히 여행을 마치고 왔다는 것만
으로도 나는 큰 용기와 자부심을 얻을 수 있었다. 그건 내가 나에게
주는 '상'이었다. 어릴 때에는 머리 좋은 누나랑 혼자 비교하면서 나

자신을 괴롭혔는데, 이제는 자신감으로 꽉 차 있다. 이번 여행은 도전을 겁내지 않는 나를 만들어 주었고, 목표를 가지고 열심히 노력한 덕분에 워싱턴 대학교 생명공학과에 최종 합격하였다.

힘든 학교생활을 이겨 낼 수 있게 해 주는 힘도 되었다. 배낭여행을 하면서 보고, 듣고, 느꼈던 것들을 떠올리면서 힘들 때마다 견뎌 냈다. 가끔은 여행 덕분에 생긴 추억들이 만병통치약 같다는 생각까지 든다.

아, 그것 말고도 달라진 것들이 있다. 여행 전에는 계획서를 써야 할 일이 생기면 쓰기 싫어서 머리에 쥐가 날 정도였는데, 지금은 어떤 일이든 자연스럽게 계획을 먼저 세운다. 계획을 꼼꼼하게 짜면 그만큼 준비도 철저해진다는 걸 잘 알기 때문이다. 물론, 여행을 하면서 계획에 집착할 필요가 없다는 것도 깨달았지만 일단 그 빡빡한 계획서가 있었기 때문에 변화도 가능했던 것이다.

무엇보다도, 여행을 하면서 엄마 아빠의 마음을 더 깊이 느낄 수 있었다. 엄마 아빠가 지금까지 나를 어떻게 사랑하고 보호해 주었는지 말이다. 나는 그분들의 보호 아래서 정말 편하게 살았다. 이런 이야기를 하면 분명 엄마랑 아빠는 배낭여행 보낼 만하다며, 철부지 아들이 효자가 돼서 돌아왔다고 놀리면서도 가슴 벅차할 거다. 하하.

물론 그 기대에 부응하기 위해 나는 앞으로도 쭉 효자가 될 예정이다(엄마 아빠, 기대하세요!). 그땐 너무 어려서 이 경험이 정말 특별한 일이라는 걸 몰랐지만, 지금은 엄마 아빠한테 받은 혜택이라는 걸 너무나도 잘 안다.

나중에 들은 얘기지만, 엄마는 어린 나를 혼자 그 머나먼 유럽까지 보내 놓고 한 달 동안 후회와 걱정을 반복하며 지냈다고 한다. 유럽에 있는 동안 엄마랑 통화도 자주 했는데, 엄마는 한 번도 나한테 걱정하는 티를 내지 않고 대범한 척했었다. 아마 내가 마음이 약해질까봐 그랬나 보다. 하지만 내가 탄자니아에 무사히 돌아가서 잘 생활하고 있다는 이야기를 듣고는 무척 대견해했다고 한다.

아빠도 여행을 마치고 온 내게 한 가지 고백을 했다. 아빠는 대학교 다닐 때까지도 공부밖에 할 줄 아는 게 없었고, 나처럼 스스로 계획을 세워서 여행을 간 건 서른한 살 때가 처음이었단다. 그래서 여행을 잘 마치고 돌아온 내가 자랑스럽다며, 아빠가 서른한 살이 되어서야 했던 일을 나는 열다섯 살에 했으니 미래의 나는 아빠보다 훨씬 훌륭한 사람이 되어 있을 거라고 격려해 주었다.

마지막으로, 내가 배낭여행을 하는 동안 도움을 준 많은 분들에게 진심으로 감사의 인사를 전하고 싶다. 내가 외로울까 봐 멀리서도 블로그나 이메일로 끊임없이 연락을 해 준 친구들에게도 정말 고마웠다는 이야기를 꼭 하고 싶었다.

아직도 생각날 때마다 두근거리는 내 첫 배낭여행. 지금도 내 코끝을 간질이던 파리의 밤공기부터 피렌체 초콜릿 가게에서 맡았던 초콜릿 향까지 전부 기억한다. 어른이 돼서 다시 가도 그때 느꼈던 간질간질한 감정을 다시 느끼긴 힘들겠지? 딱 그때, 사춘기 이지원이 갔기 때문에 느낄 수 있었던 것들이 아주 많았다. 아직 다듬어지지 않았지만 반짝이던 그때의 내 모습을 평생 잘 간직해야지.

그리고 훗날 딱 나를 닮은 내 자식이 나처럼 속으로 사춘기를 끙끙 앓고 있을 때, 나 역시 아이에게 이런 도전을 꼭 권해 줄 거다. 우리 엄마와 아빠가 나를 사랑하는 마음을 담아 그랬듯이……

2015년 6월
이지원

앞 내밀고 떠나서, 꿈 내밀며 돌아오는 열다섯 배낭여행

초판 1쇄 발행 2014년 10월 30일
초판 3쇄 발행 2015년 6월 1일

글 이지원 그림 최광렬

펴낸이 김명희
기획위원 채희석
편집부장 이정은
편집 차정민 · 김나영
편집진행 고양이
디자인 김명희
마케팅 홍성우 · 김정혜 · 김화영

펴낸곳 다봄
등록 2011년 1월 15일 제395-2011-000104호
주소 경기도 고양시 덕양구 고양대로 1384번길 35
전화 031-969-3073
팩스 02-393-3858
전자우편 dabombook@hanmail.net

ISBN 979-11-85018-18-8 13980

이 도서의 국립중앙도서관 출판시도서목록(CIP)은 서지정보유통지원시스템 홈페이지(http://seoji.nl.go.kr)와
국가자료공동목록시스템(http://www.nl.go.kr/kolisnet)에서 이용하실 수 있습니다.(CIP제어번호: CIP2014029060)

*책값은 뒤표지에 표시되어 있습니다.